Tasty Food

食在好吃

爱健康 ｜ 爱生活　　凤凰含章 Phoenix-HanZhang

Tasty Food
食在好吃

养生粥美味饺
这样做最好吃

杨桃美食编辑部 主编

江苏凤凰科学技术出版社　凤凰含章

图书在版编目（CIP）数据

养生粥美味饺这样做最好吃 / 杨桃美食编辑部主编
. —— 南京：江苏凤凰科学技术出版社，2015.7
（食在好吃系列）
ISBN 978-7-5537-4479-7

Ⅰ．①养…　Ⅱ．①杨…　Ⅲ．①粥 – 食谱②饺子 – 食谱
Ⅳ．① TS972.13

中国版本图书馆 CIP 数据核字 (2015) 第 091482 号

养生粥美味饺这样做最好吃

主　　编	杨桃美食编辑部	
责 任 编 辑	张远文	葛　昀
责 任 监 制	曹叶平	周雅婷

出 版 发 行	凤凰出版传媒股份有限公司
	江苏凤凰科学技术出版社
出版社地址	南京市湖南路 1 号 A 楼，邮编：210009
出版社网址	http://www.pspress.cn
经　　销	凤凰出版传媒股份有限公司
印　　刷	北京旭丰源印刷技术有限公司

开　　本	718mm×1000mm　1/16
印　　张	10
插　　页	4
字　　数	260千字
版　　次	2015年7月第1版
印　　次	2015年7月第1次印刷

标 准 书 号	ISBN 978-7-5537-4479-7
定　　价	29.80元

图书如有印装质量问题，可随时向我社出版科调换。

目录

想吃就吃的
养生粥、美味饺

PART 1
咸粥篇

3

PART 2
广东粥篇

PART 3
甜粥篇

PART 4
饺子篇

单位换算

固体类
1大匙≈15克
1小匙≈5克

液体类
1杯≈180~200毫升
1碗≈500毫升

想吃就吃的
养生粥、美味饺

暖暖好粥

　　说起粥，大家都觉得是需要清淡饮食时才会吃的东西，事实上，从遍布大江南北的粥店来看，就知道这种观念已经是过去式了。粥已经和其他的主食一并成了餐桌上的常客，而且，粥容易消化，可以养护肠胃，对于现在经常吃得过多、过饱、过于油腻的人来说更有着不可多得的优点，平时熬一碗美味粥，对于一家人来说都是养生滋补的佳品。

　　而且，粥一年四季皆可食用，春天来碗猪肝粥、红枣糙米粥、菊花养生粥等，养肝清肠；夏天来碗绿豆小薏米粥、银耳莲子粥、红豆荞麦粥等，利尿消水肿，补水助消化；秋天来碗南瓜粥、川贝梨粥、山药粥等，补气养身，还能对抗秋天的干燥；冬天就更不用说了，腊八粥、葱香羊肉大蒜粥、枸杞子猪腰粥等。各种滋补的养生食材放进粥中熬煮，不仅让人感到热乎乎、暖融融，对于身体不适者、脾胃功能差的老年人及小孩，也是补养身体的上佳选择。

美味鲜饺

　　俗话讲：北方饺子南方粥。一碗热腾腾的粥，搭配一碗香气四溢的水饺、蒸饺、煎饺或者金黄酥脆的炸饺，可以说是简单朴素的幸福享受。

　　饺子是大众日常的主食之一，尤其是冷冻水饺可以长时间保存在冰箱，想吃随时取出来煎或煮，十几分钟就能做好，方便又好吃。市售的饺子里大都是我们熟知的圆白菜、韭菜与猪肉拌成的基本馅料，其实可以做饺子馅的食材非常多样，牛肉、羊肉、鸡肉、鱼肉和各类海鲜，都能做出不同风味的饺子，如果想吃得清淡养生，番薯叶、番薯、丝瓜、豆腐、胡萝卜，也都可以做成好吃的馅料。懂得运用家人喜欢的食材来包饺子，当然更能满足全家人的食欲。

　　不管是寒冬腊月的夜晚，还是炎炎夏日的早晨，粥和饺子都是餐桌上极其适宜的养生餐单，时不时翻新花样，来一碗别具一格的粥和适合家人胃口的饺子，更能让家人感受到饮食里面饱含的暖暖爱意！

常用粥品谷类介绍

大米

一般煮粥的大米为粳米，外形短圆、透明，以1杯米与12杯水的比例熬煮出来的粥，口感介于籼米与糯米之间，最常用在咸粥里。

小米

小米又名"粟"，具有独特的口感及清淡的香味，且含丰富的蛋白质、钙、铁、维生素，是营养价值很高的谷类，常用来煮成小米饭、粥或是酿酒，可除热、利尿。小米较易煮熟，只需直接与冷水同煮，很快就可熬成美味的小米粥了。

圆糯米

糯米分为长糯米及圆糯米，长糯米因口感软黏，不适合煮粥；而圆糯米外形短圆，口感甜腻，黏度较长糯米弱些，很适合用来煮甜粥，只是在煮前要用冷水至少泡1小时以上，煮出来的粥才会带有亮丽光泽。

红豆

小小一颗红豆就含有大量的铁质，是很平民化的补血圣品，对于气血虚弱的女性相当有用，常被用来煮甜粥，又因红豆直接加水煮不易熟透，必须先以冷水至少泡5小时后，再加水蒸约2小时，最后才与其他食材同煮，红豆粥的美味才会真正释放出来。

薏米

近来薏米被奉为美容圣品，因含丰富的植物性蛋白质、油脂、糖类、维生素和矿物质等，可调节生理功能、美白养颜及消炎，经常食用能让原本粗糙的肌肤逐渐细致动人。薏米在煮前必须先用冷水浸泡1小时以上，再和糯米以1：1的比例煮，口感才会有嚼劲又不会太硬，最具养颜美容的效果。

糙米

　　糙米完整保存了稻米营养，含丰富的糖类、脂肪、蛋白质以及维生素A、B族维生素等，其中的膳食纤维可促进肠道蠕动、增加饱腹感、调节生理功能、调整体质。煮出来的粥口感较大米粥硬些，最好不要直接加水入锅中煮，应事先以冷水浸泡1小时以上，待糙米本身已吸入不少水分后，再与水同煮，口感会较细致。

燕麦

　　近年来广受欢迎的燕麦，营养价值高，尤其是其所含的B族维生素有助消化，煮成的粥有淡淡的燕麦香，风味很特别。

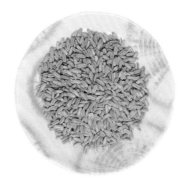

玉米

　　玉米所含的淀粉极易被人体所吸收，而且具有降低胆固醇、预防冠心病的效果。玉米不能单独煮成粥，而应与米按比例一起煮。

紫糯米

　　紫糯米热量较糯米低，又具补血、健脾的效果，所以被广泛应用在甜粥中，但在煮前至少泡水1小时，这样煮出来的粥，入口不仅软糯润滑而且带有嚼劲。

绿豆

　　绿豆属于碱性豆类植物，含蛋白质、脂肪、碳水化合物、钙、铁、磷、胡萝卜素，是夏天消暑的圣品，且多吃还可预防癌症。绿豆虽较红豆易熟，但以冷水浸泡1小时再熬煮还是必要的。

洗米熬粥有一套，变化粥品新花样

虽然粥的种类有上百种，但基本功还是必须从洗米做起，且熬粥底不外乎三种方式，分别是以生米、熟饭及冷饭慢慢熬成粥。不论是采用哪种方式都可以煮出美味的粥品，只是口感上略有不同。但可别小看这三种熬粥方式的重要性，因为不论生米、熟饭或冷饭，在熬成粥的过程中都会涨大，因此分量和水量的拿捏可要特别小心，下面就让我们在煮粥前，先让您了解三种粥不同的煮法和煮粥零失败的小秘诀。

洗米

1. 将水和米粒放入容器内。
2. 先以画圈的方式快速淘洗，再用手轻轻略微揉搓米粒。
3. 洗米水会渐渐呈现出白色混浊状。
4. 慢慢倒出白色混浊的洗米水，以上步骤重复3次。
5. 最后，将米粒和适量的水一同静置浸泡约15分钟即可。

生米慢煮成粥

材料
生米1杯，水8杯

调料
冰糖130克，奶精适量

做法
将生米洗净后，把生米和水放入汤锅内，以中火煮滚后再转小火煮45分钟。可加入冰糖和奶精调味。

精准破解煮粥的三大关键

火候的掌控

想要做一碗健康满分的好粥，就要有一碗饭粒熟透且带有饭香味的粥，半生半熟的饭粒或者是烧焦味浓郁的粥都是不合格的喔！因此火候的掌控必须先用中火将水煮开后，再转小火慢慢熬煮，千万别心急一直全采用大火或中火来熬制，否则锅里的饭粒满溢出来，可就让人大伤脑筋了。

水量多寡要掌控

不论是利用生米、熟饭或冷饭来熬粥，最后当你要放入水一同熬煮时，水的比例要正确，过少的水量可能会导致粘锅现象，因此在熬煮过程中要随时留意锅内的水量是否足够。另外，测量饭和水的容器最好是使用一致的容器，如：使用碗为测量单位，那么饭和水的测量容器就统一使用碗，不要利用不同容器来测量，以避免产生误差。

时间的掌控

熬煮的时间也会依照饭粒的情况而有所不同，如：利用生米来熬煮绝对会比利用熟饭或冷饭来熬煮的时间长，所以在熬煮粥的时候，必须考虑自己的时间状况来选用不同的饭粒熬煮。

要怎么利用电饭锅来熬粥呢？

只要在水分的称量上多些水就可以了。一般而言，煮成大米饭的比例是1：1，而若要利用电饭锅来熬煮成粥就要以1：8的比例来制作，也就是说1杯的生米要放入8杯的水才足够。

冷饭煮成粥

材料
冷饭1碗，水7碗

做法
将冷饭和水放入汤锅内一同搅拌至饭粒分开后，以中火煮开后再转小火煮35分钟即可。

要怎么样做才能让冷饭熬煮出来的白粥好吃呢？

利用隔夜冷藏的饭来熬粥，最怕的就是在熬煮过程中饭粒不易散开，所以在将米饭放入冰箱冷藏之前，一定要先做好功课。首先，先将冷却的米饭密封包装，并挤去多余的空气，接着就是将米饭整平，整平的目的是为了方便下次取用米饭时，容易将米饭抓松让它们不至于结块，最后放入冰箱中冷藏即可。当然，从冰箱取出冷藏的米饭时，也要先洒上少许的水并且将它们抓松后再来熬煮，有了以上的事前准备，相信你的冷饭煮成粥就不会有饭粒不易散开或者结块的惨况了！

熟饭熬成粥

材料
熟饭1碗，水7碗

做法
先将水放入汤锅内，以中火煮开后再放入熟饭熬煮，转小火煮30分钟即可。

怎样煮粥才不会粘锅呢？

利用熟饭来熬煮白粥时，一定要使用中火先将水煮开后，再放入熟饭继续熬煮，这时候就一定要记得转小火让大米饭慢慢地熬到变成白粥。火候的掌控顺序是一大关键，另外，水量不足也会造成熬煮白粥时粘锅的状况。

粘锅的时候要怎么处理呢？

万一不小心粘锅了该怎么办呢？此时千万不要心急地用汤勺去翻动已经粘锅的白粥，否则烧焦的气味会蔓延整个锅中的白粥，所以这个时候只要轻轻地将上面未烧焦的白粥舀出来放在另外一个锅中再继续熬煮就行了。

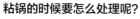

选锅有学问，煮粥口感大不同

虽然煮粥人人会，但是其中巧妙各不同，除了食材的选择和搭配外，其实使用不同的锅具煮粥，也会有不同的效果和口感。只要先了解利用不同锅具煮粥的差别后，就能轻松煮出你想要的粥品口感。

煤气炉

一般家庭最常使用煤气炉烹煮各式菜肴，煤气炉有着快速便捷的好处，而且火候可大可小，不论是大火快炒或是细火慢炖。煮粥也常常会使用到煤气炉，有些粥品的做法需要先炒香配料，以煤气炉煮粥的好处在于可以事先爆香，将配料爆香后再加入粥内，能让粥的香气更加浓郁，也更容易入味，熬煮的时间也能视情况和想要的口感去控制，相当方便。但缺点是需要顾着炉火，因为以煤气炉煮粥若是温度过高又没有搅拌均匀，很容易让米粒粘在锅底，产生烧焦的情形。

电饭锅

利用电饭锅煮粥最大的好处就是可以同时进行别的工作，只要把材料处理好放进电饭锅里，等开关跳起来后再焖一下就可以完成，不用一直守在旁边搅拌担心锅底烧焦。电饭锅加热的火力足以让米心均匀熟透，只要将内锅、外锅的水量调整好，通过蒸煮的方式不会把汤汁煮干。电饭锅煮粥通常采用生米，煮出的饭米心软、汤汁清澈。当材料熬煮时间不同时，也可以分成两次熬煮，只要分次加入外锅的水量，就能同时煮好不同的材料。

电子锅

除了电饭锅外，电子锅也是许多人家中必备的烹煮用具。利用电子锅煮粥的特点和电饭锅相同，差别只在于电饭锅需要于外锅中加入适量水量，而电子锅则完全不需要额外加水，只要控制好米量和水量，按下开关就能轻松煮好一锅粥。另外现在许多电子锅也结合了不同功能，除了最基本的煮饭外，煮粥、炖汤也都通通能做到。一般来说，生米较适合利用电子锅煮出粒粒分明的粥。

煮粥常见问题Q&A

Q 煮粥时，如果想吃到整块没有糊化的芋头、番薯等，该怎么做呢？

A 一般而言，芋头或番薯等根茎类瓜果，容易因为熬煮的时间过久而溶化在汤汁中。所以如果想要吃到整块的芋头或番薯块，最好将它先切成丁状后再放入油锅中炸1～2分钟，然后放入锅中熬煮，因为大块的芋头或番薯虽然外表已经油炸成金黄色，但是食材里面仍没有熟，所以熬煮的时间也要再久一些。

Q 在熬煮山药粥时，山药要怎么处理才不会致皮肤过敏呢？

A 山药本身因含有强酸钾，如果一不小心沾到皮肤会产生过敏现象，所以在处理山药时，尽量不要让手或山药湿哒哒的，以避免沾上黏液，另外尽量利用手掌部位来处理山药，这样就可以降低皮肤过敏的发生率。

Q 在熬制咸粥时，利用水或高汤熬制会有什么差别吗？

A 如果想要吃清淡咸粥，利用水来熬制就可以了；但是若想要吃到汤头有鲜味的咸粥，就必须要花点工夫去熬制汤底，然后再一同加入饭里或大米中熬煮。两者的差别只在于有没有咸粥汤头的鲜味而已。

Q 没时间熬煮高汤仍想增加汤底的好风味该怎么办？

A 没时间熬煮高汤底又不想单纯地只用水来熬煮的话，别忘了市面上常见的鸡精、海鲜粉、柴鱼粉等材料，利用这些简易快速又方便的材料，就可以解决掉没时间熬煮高汤的烦恼。

Q 加入粥里的海鲜需要怎样进行事前处理才不会腥味太重？

A 用来煮粥的海鲜几乎都需要先经过前处理，像牡蛎买回来后，先用水淀粉拌匀，再用漂洗的方式来清除牡蛎黏液；银鱼买回来后先浸泡在水中约5分钟后再捞起沥干水，口感会更佳，也较不会有腥味。熬煮的时间也不宜过久，否则银鱼会容易断掉或者碎掉，也会影响口感。

Q 隔夜粥要怎么做才能让它美味重现呢？

A 由于隔夜粥已经流失掉大部分的水分，所以再加热的时候，可以添加些许水加热，也可以添加高汤增加粥的美味，或者干脆把隔夜粥熬煮成广东粥也是一种方法。另外，利用微波炉来加热会比放在煤气炉上直接加热来得好，因为这样的加热方式比较容易保留住咸粥内食材的原貌。

PART 1

咸粥篇

　　做咸粥绝不是将全部食材放入锅中一次烹煮即可，从丰富多样的配料爆炒前处理，到和生米或米饭同煮后再调味，全都是大学问。

搭配咸粥的高汤

你以为咸粥就只是加入了盐吗？那你可就大错特错了，虽然在熬煮白粥的时候，大部分人都是以大量的水来一同熬煮，但是你知道吗？利用不同的高汤底来代替无色无味的水，所熬制出来的咸粥绝对会令你啧啧称奇，不妨试着用以下既营养又美味的三种热门咸粥高汤底煮粥，一定会让你的咸粥大放异彩！

大骨高汤

🍲 材料
鸡骨400克，大骨400克，水1500毫升

🍱 做法
将鸡骨和大骨氽烫过后捞起，另取一锅，加入水、鸡骨、大骨一同焖煮约2小时后，再过滤出汤底即可。

蔬菜高汤

🍲 材料
西芹150克，胡萝卜1/2根，姜50克，土豆1个，白萝卜1/2根，荸荠5颗，水2500毫升

🍱 做法
将材料洗净后，加入水焖煮约2小时，再过滤出汤底即可。

虾米柴鱼高汤

🍲 材料
虾米200克、柴鱼片200克、水2500毫升、葱3棵、姜150克、海带100克

🍱 做法
❶ 先将虾米、葱、姜和海带洗净备用。

❷ 取一锅，放入虾米、葱、姜、海带、柴鱼片和水，焖煮约90分钟后，过滤出汤底即可。

> **大厨小叮咛** 干海带表面白色的粉末是其鲜美的来源，因此干海带在使用前只要先擦干净并泡软，不必用力刷洗。泡海带时，直接把海带放到要烹煮的水里就好，不需另外准备一锅水，这样可以减少海带美味成分的流失。

台式咸粥

材料
米饭350克，猪肉丝80克，干香菇3朵，虾米30克，红葱头片15克，油葱酥适量，高汤900毫升

调料
盐少许，淀粉少许，料酒少许

腌料
盐1/2小匙，鸡精1/2小匙，细砂糖、料酒各少许

做法
❶ 猪肉丝洗净沥干，放入大碗中，加入腌料腌约15分钟，再放入热油锅快炒，变色盛出沥油；干香菇洗净泡软切丝；虾米洗净泡软，捞出沥干。

❷ 热锅倒少许油烧热，放入红葱头爆香，放入香菇和虾米炒出香气后放入猪肉丝炒匀，再倒入高汤，煮开后加入米饭，小火熬稠后放入调料，再撒上油葱酥即可。

肉片粥

材料
米饭300克，熟猪肉片100克，小白菜50克，油葱酥适量，葱花少许，高汤850毫升，白芝麻少许

调料
盐1/2小匙，鸡精1/2小匙，白胡椒粉少许

做法
❶ 小白菜洗净，沥干水后切小片备用。

❷ 汤锅中倒入高汤以中火煮开，放入米饭改小火拌煮至略浓稠，加入小白菜及熟猪肉片续煮约1分钟，再加入所有调料调味，最后加入油葱酥和葱花煮匀，撒上少许煮熟的白芝麻调味。

大厨小叮咛
利用熟肉片煮粥的好处是快速而且汤汁清澈，肉片虽然已经熟了，加入后再稍微煮一下才能让粥的味道更好，肉片也会因为吸收汤汁而更加软嫩。

肉丁四季豆粥

材料
大米150克，四季豆150克，猪梅花肉100克，鲜香菇2朵，熟芝麻适量，高汤1800毫升

调料
盐1小匙，鸡精1/2小匙，淀粉、料酒各适量

做法
1. 大米洗净，泡水约1小时后沥干水分备用。
2. 猪梅花肉洗净沥干水分，切片放入大碗中，加入淀粉和料酒拌匀并腌渍约5分钟备用。
3. 四季豆洗净，去除头尾后切小粒；鲜香菇洗净，去除蒂头后切丁备用。
4. 将大米放入汤锅中，加入高汤以中火煮沸后改小火熬煮约20分钟，加入梅花肉、四季豆和香菇改中火煮沸后，改小火续煮至肉丁熟透，以调料调味后撒入熟白芝麻。

白果牛肉粥

材料
大米150克，白果100克，碎牛肉300克，芹菜末15克，姜末15克，水1500毫升

调料
料酒1小匙，蛋清1大匙，盐1/2小匙，白胡椒粉1/4小匙，香油1大匙

做法
1. 大米淘洗净沥干；白果洗净提前浸泡，沥干；碎牛肉以料酒及蛋清抓匀，腌渍，备用。
2. 汤锅倒入1500毫升水以中火煮滚，加入大米，改大火煮开后再以小火续煮并维持锅中略滚的状态约10分钟，加入白果拌匀续煮30分钟。
3. 将处理过的碎牛肉及姜末加入锅中拌匀再次煮至滚开，关火加入盐、白胡椒粉，再放入芹菜末及香油拌匀即可。

五谷瘦肉粥

材料
五谷米120克，猪瘦肉片200克，水1500毫升

调料
料酒1小匙，淀粉1小匙，盐1/2小匙，白胡椒粉1/4小匙，香油1大匙

做法
1. 五谷米淘洗数次后加入适量水，浸泡约1小时至颗粒稍微软化、膨胀后沥干备用。
2. 猪瘦肉片放入小碗中，加入料酒及淀粉充分抓匀，再放入开水中汆烫约10秒钟，取出肉片再泡入冷水中降温，沥干备用。
3. 汤锅倒入1500毫升水以中火煮滚，加入泡好的五谷米，改大火煮至滚沸再以小火续煮并维持锅中略滚的状态。
4. 约1小时后加入猪瘦肉片再煮约3分钟，关火加入盐、白胡椒粉及香油拌匀即可。

红枣乌鸡粥

材料
大米120克，乌鸡400克，红枣20颗，姜片50克，葱花少许，水1500毫升

调料
胡麻油4大匙，盐1/2小匙，白胡椒粉1/4小匙

做法
1. 大米淘洗干净后沥干；红枣洗净沥干，表面稍微划开；乌鸡洗净剁小块，汆烫约10秒钟，取出再次洗净、沥干、备用。
2. 取炒锅烧热，加入胡麻油及姜片，小火煸炒至姜边缘略焦，加入乌鸡块炒香后盛出。
3. 将乌鸡倒入汤锅，加入1500毫升水以中火煮滚，再加入红枣和大米，改大火煮开后以小火续煮并维持锅中略滚的状态约40分钟，待鸡肉软烂，关火加入盐、白胡椒粉，再放入葱花拌匀即可。

莲子排骨粥

🌾 材料
大米120克，猪排骨400克，莲子50克，枸杞子10克，姜末30克，水1500毫升

🥄 调料
盐1/2小匙，白胡椒粉1/4小匙，香油1小匙

📋 做法
❶ 大米淘洗干净后沥干；莲子及枸杞子洗净提前泡好，备用。

❷ 猪排骨洗净剁成小块，放入开水中氽烫约5秒钟，取出再次洗净沥干备用。

❸ 汤锅倒入1500毫升水以中火煮滚，加入大米、莲子、枸杞子和猪排骨，改大火煮开后再以小火续煮并维持锅中略滚的状态。

❹ 以小火煮约40分钟至猪排骨软烂，加入姜末煮匀，关火加入盐、白胡椒粉及香油拌匀即可。

菱角肉片粥

🌾 材料
大米150克，猪肉100克，菱角200克，鲜香菇2朵，香菜适量，高汤1800毫升

🌾 调料
鸡精1/2小匙，淀粉、盐各少许

📋 做法
❶ 大米洗净，泡水20分钟后沥干；猪肉洗净沥干，切片放入大碗中，加少许盐和淀粉拌匀并腌渍约5分钟；菱角洗净，放入滚水中氽烫一下，捞出沥干；鲜香菇洗净，切除蒂头后切片。

❷ 将大米放入汤锅中，加入高汤以中火煮沸，加入菱角稍微搅拌后改小火熬煮约30分钟，加入猪肉和鲜香菇改中火煮开后再改小火续煮至肉片熟透，以剩余调料调味，再撒入香菜即可。

猪骨糙米粥

材料

糙米	200克
猪骨	900克
胡萝卜	150克
土豆	200克
姜片	2片
葱花	少许
高汤	2500毫升

调料

盐	1小匙
鸡精	少许
料酒	少许

做法

1. 将猪骨洗净，放入滚水中氽烫至汤汁出现大量浮沫，倒除汤汁再次洗净备用。
2. 糙米洗净提前浸泡，沥干水分备用。
3. 胡萝卜、土豆均洗净，去皮后切小块备用。
4. 将猪骨放入汤锅中，加入高汤、姜片和糙米以中火煮至滚沸，稍微搅拌后改小火熬煮约40分钟，加入胡萝卜、土豆改中火煮至滚沸.
5. 转小火续煮约30分钟，熄火加盖焖约15分钟，开盖以调料调味，撒入葱花即可。

1-1　1-2　2　4-1 4-2

猪肝粥

材料
米饭200克，大骨高汤700毫升，猪肝（切丁）120克，鸡蛋（打散）1个，葱花5克

调料
盐1/8小匙，白胡椒粉少许，香油1/2小匙

做法
1. 将米饭放入大碗中，加适量水，用大汤匙将有结块的米饭压散，备用。
2. 取一锅，将大骨高汤倒入锅中煮开，再放入压散的米饭，煮滚后转小火，续煮约5分钟至米粒糊烂。
3. 于粥中加入猪肝丁，并用大汤匙搅拌均匀，再煮约1分钟后，加入盐、白胡椒粉、香油拌匀，接着淋入打散的鸡蛋，拌匀凝固后熄火。
4. 起锅装碗，依个人喜好撒上葱花搭配。

海鲜粥

材料
虾仁100克，墨鱼100克，蛤蜊5粒，韭菜2根，姜丝50克，白粥1/2碗，鸡蛋1个，虾米柴鱼高汤1碗

调料
盐1小匙，白胡椒粉1/2小匙

做法
1. 虾仁洗净后用刀子在背部略为切开，再放入滚水中氽烫取出备用；墨鱼用刀子切花后，再放入滚水中氽烫取出备用；蛤蜊浸泡在盐水中让它吐沙后取出备用；韭菜洗净切段备用。
2. 取一汤锅，放入虾米柴鱼高汤、虾仁、墨鱼、蛤蜊、韭菜、姜丝、白粥和所有的调料，以中火将粥煮开后即可熄火。
3. 将鸡蛋打散后，淋入粥内即可。

百合鱼片粥

🌿 材料
大米150克，鲷鱼肉200克，新鲜百合50克，胡萝卜片10克，葱花15克，姜丝15克，水1500毫升

🥢 调料
料酒1小匙，淀粉1小匙，盐1/2小匙，白胡椒粉1/4小匙，香油1大匙

🍚 做法
❶ 大米洗净沥干，新鲜百合剥成片状洗净。鲷鱼肉切小片，加入料酒及淀粉抓匀，放入开水中汆烫约5秒钟，取出鱼片再泡入冷水中降温，沥干备用。

❷ 汤锅倒入1500毫升水以中火煮滚，加入大米，改大火煮开后，转小火并维持锅中略滚的状态约30分钟；加入胡萝卜片、百合片，续煮约10分钟，放入鱼片再次煮开，关火加入盐、白胡椒粉，再放入葱花、姜丝及香油拌匀即可。

胡萝卜羊肉粥

🌿 材料
米饭200克，大骨高汤350毫升，胡萝卜50克，羊肉片50克，姜丝10克，葱花10克，香菜3克

🥢 调料
盐1/4小匙，白胡椒粉1/6小匙，香油1小匙

🍚 做法
❶ 胡萝卜洗净切小丁；羊肉片洗净切碎备用。

❷ 大骨高汤倒入小汤锅中煮开后，续将米饭和胡萝卜丁倒入汤锅中煮开后，改转小火。

❸ 以小火续煮约1分钟，再加入碎羊肉片和姜丝，并用大汤匙搅拌开。

❹ 续煮约1分钟后加入盐、白胡椒粉和香油，拌匀后装入碗中，撒上葱花和香菜即可。

虱目鱼粥

材料

大米	1碗
虱目鱼	1/2条
葱	1/2棵
姜	19克
水	6碗

调料

盐	1小匙
白胡椒粉	1/4小匙
料酒	1小匙

做法

1. 将虱目鱼洗净，用刀子取下鱼皮，再去除虱目鱼中间的鱼刺和边刺，切成长条形的鱼块。

2. 姜洗净切丝；葱洗净切成葱花和葱段备用。

3. 将大米洗干净后，浸水15分钟后取出，将量好的水量和大米一同放入锅中，以中火将水煮开，改转小火慢慢熬煮至大米变成白粥后即可熄火，备用。

4. 取一锅，放入水、鱼骨、料酒、2/3分量的姜丝、葱段，焖煮1小时，将锅中食材过滤后即为鱼骨高汤。

5. 在鱼骨高汤底中，将白粥倒入。

6. 加入盐、白胡椒粉、料酒拌匀后，盛出放在碗中。

7. 另取一锅水煮开后，放入鱼块汆烫至7分熟后捞出，放入白粥中，撒上葱花、剩余的姜丝即可。

双牛粥

材料
米饭200克，大骨高汤350毫升，牛蒡30克，胡萝卜20克，牛肉40克，姜丝10克，葱花10克，碎油条20克

调料
盐1/4小匙，白胡椒粉1/6小匙，香油1小匙

做法
❶ 牛蒡和胡萝卜洗净切丝；牛肉洗净切丝备用。

❷ 大骨高汤倒入小汤锅中煮开后，续将米饭和牛蒡丝、胡萝卜丝倒入，再次煮开后，改转小火。

❸ 以小火续煮约1分钟，加入牛肉及姜丝，并用大汤匙搅拌开。

❹ 续煮约1分钟后加入盐、白胡椒粉、香油，拌匀后装入碗中，撒上葱花和碎油条即可。

牡蛎粥

材料
米饭300克，鲜牡蛎150克，韭菜花40克，油葱酥适量，高汤850毫升，番薯粉适量

调料
料酒1/2大匙，盐1/2小匙，鸡精1/2小匙，白胡椒粉少许

腌料
姜汁、料酒各少许

做法
❶ 鲜牡蛎洗净沥干水分，放入大碗中，加入所有腌料拌匀备用。

❷ 韭菜花洗净，沥干水分后切小粒备用。

❸ 汤锅中倒入高汤以中火煮至滚沸，放入米饭后改小火拌煮至再次滚沸。

❹ 鲜牡蛎均匀沾上番薯粉，放入汤锅中，淋入料酒，再次煮开，放入韭菜花和其余调料拌匀，最后撒入油葱酥即可。

干贝萝卜粥

🥬 材料
大米150克，干贝2粒，白萝卜200克，芹菜末适量，高汤1500毫升

🍶 调料
料酒1大匙，盐、鸡精、白胡椒粉各少许

🍲 做法
❶ 干贝洗净，放入大碗中，加入料酒和水泡软，沥干放入塑料袋中搓成丝，浸泡的水留下备用；大米洗净，泡水30分钟后沥干；白萝卜洗净，去皮后切细条。

❷ 将大米放入砂锅中，加入高汤、干贝和白萝卜拌匀以中火煮开，改小火加盖熬煮约20分钟；熄火焖约5分钟，开盖以盐、鸡精和白胡椒粉调味，最后撒入芹菜末即可。

竹笋咸粥

🥬 材料
竹笋1/2根，鲜香菇1朵，胡萝卜40克，猪腿肉60克，虾米37克，大骨高汤1/2碗，白粥1碗，芹菜末37克，红葱酥37克

🍶 调料
盐1小匙，白胡椒粉1/4小匙

🍲 做法
❶ 先将洗净的竹笋、鲜香菇、胡萝卜、猪腿肉切丝，放入滚水中氽烫捞起备用。

❷ 取一炒锅，放入些许食用油后，将虾米放入锅内以小火炒香后，加入竹笋丝、鲜香菇丝、胡萝卜丝、猪腿肉丝、大骨高汤，继续以中火将汤汁煮滚。

❸ 将白粥和调料倒入炒锅中一起搅拌均匀。

❹ 起锅装盘后撒入芹菜末、红葱酥即可。

养生鲜菇粥

🌿 材料
米饭300克，杏鲍菇40克，草菇30克，金针菇30克，白玉菇30克，秀珍菇30克，西蓝花50克，高汤 900毫升

🍶 调料
盐1/4小匙，香菇精1/4小匙，细砂糖少许，白胡椒粉少许，香油少许

📋 做法
1. 将所有菇类洗净沥干，杏鲍菇切片，白玉菇、金针菇、秀珍菇切除蒂头备用。
2. 西蓝花洗净，沥干水分后切小块备用。
3. 汤锅中倒入高汤以中火煮至滚沸，放入米饭改小火拌煮至略浓稠，加入所有菇类及西蓝花续煮约3分钟，最后加入所有调料调味即可。

蔬菜粥

🌿 材料
燕麦100克，大米50克，花菜80克，胡萝卜30克，黑木耳30克，鲜香菇1朵，上海青80克，高汤1600毫升

🍶 调料
盐1小匙，香菇精1/2小匙，香油少许

📋 做法
1. 燕麦洗净，泡水至少4小时后沥干；大米洗净沥干；备用。
2. 花菜洗净切小朵；胡萝卜洗净去皮后切花片；黑木耳洗净切片；鲜香菇洗净去蒂后切丝；上海青洗净；备用。
3. 将燕麦和大米放入汤锅中，加入高汤以中火煮至滚沸，稍微搅拌后改小火熬煮约20分钟；加入花菜、胡萝卜、黑木耳和鲜香菇、上海青，改中火煮至滚沸后再改小火续煮至熟透，最后加入所有调料调味即可。

薏米美白粥

🌱 材料
大米1/2杯，薏米110克，紫山药、山药共220克，猪瘦肉75克，水12杯

🥄 调料
盐少许，鸡精少许

🍲 做法
❶ 薏米以冷水泡2小时后沥干水分；全部山药洗净，削去外皮，切成大丁状；猪瘦肉洗净，切丁备用。

❷ 取一深锅，加入12杯水，以大火煮滚后转小火，加入大米及薏米煮50分钟，再加入全部山药、猪瘦肉续煮10分钟，最后加入调料拌匀即可。

玉米猪肉粥

🌱 材料
米饭200克，大骨高汤700毫升，猪肉馅80克，玉米粒（罐头）40克，鸡蛋（打散）1个，葱花5克，油条（切小块）10克，水50毫升

🥄 调料
盐1/8小匙，白胡椒粉少许，香油1/2小匙

🍲 做法
❶ 米饭加入约50毫升水，压散备用。

❷ 取锅，将大骨高汤倒入锅中煮开，再放入压散的米饭煮滚，转小火煮约5分钟至米粒糊烂；加入猪肉馅及玉米粒，并搅拌均匀，再煮约1分钟，加入调料拌匀，鸡蛋打散淋入拌匀，凝固后熄火。

❸ 起锅装碗，依个人喜好撒上葱花及小块油条。

黄瓜咸粥

材料

米饭	200克
大骨高汤	700毫升
虾米（泡水）	10克
红葱头（切碎）	10克
黄瓜（切丝）	60克
猪肉馅	40克
水	50毫升

调料

盐	1/8小匙
白胡椒粉	少许
香油	1/2小匙

做法

1. 将米饭放入大碗中，加入约50毫升的水，用大汤匙将有结块的米饭压散，备用。
2. 虾米用开水泡约5分钟后，捞起、沥干，备用。
3. 热锅，加入少许食用油，用小火爆香红葱头及虾米，再加入黄瓜丝炒香，熄火备用。
4. 取一锅，盛入炒好的黄瓜丝，再倒入大骨高汤煮滚，续加入米饭，煮滚后转小火，续煮约5分钟至米粒糊烂；再加入猪肉馅，并用大汤匙搅拌均匀，煮约1分钟后，加入盐、白胡椒粉、香油拌匀，熄火装碗即可。

番薯粥

材料
红番薯150克，黄番薯150克，大米150克，水1800毫升

调料
冰糖80克

做法
❶ 两种番薯一起洗净，去皮切滚刀块备用。

❷ 大米洗净，泡水约30分钟后沥干水分备用。

❸ 汤锅中倒入水和大米以中火拌煮至滚开，放入番薯再次煮至滚开，改转小火后加盖焖煮约20分钟，最后加入冰糖调味即可。

圆白菜粥

材料
米饭300克，圆白菜150克，猪肉丝100克，干香菇2朵，胡萝卜15克，香菜适量，高汤1000毫升

调料
盐、鸡精各1小匙，白胡椒粉、淀粉、料酒各少许

做法
❶ 猪肉丝洗净沥干，放入大碗中，加淀粉和料酒拌匀腌5分钟；圆白菜洗净沥干切丝；干香菇泡软后切丝；胡萝卜洗净去皮切丝备用。

❷ 热锅倒入少许油烧热，放入香菇丝以小火爆香；加入猪肉丝，改中火炒至变色；加入胡萝卜丝和圆白菜丝炒匀；加入高汤以中火煮沸；加入米饭，转小火煮至略浓稠，再以剩余调料调味，最后加入香菜即可。

养生鸡肉粥

🥄 材料
米饭250克，鸡胸肉150克，西蓝花60克

🍶 调料
料酒适量，盐1/2小匙，鸡精少许，淀粉少许

🌿 药材
当归、川芎、黄芪、人参须、红枣、枸杞子各少许

📋 做法
1. 将药材洗净，放入电子锅内锅中，加入适量加了料酒的水，外锅加入1杯水煮至开关跳起，留红枣、枸杞子及药汁。
2. 鸡胸肉洗净沥干，切小块后加料酒和淀粉腌5分钟，再放入滚水中汆烫至变色，捞出沥干；西蓝花洗净，沥干后切小朵备用。
3. 汤锅中倒入药汁以中火煮开，加米饭改小火煮沸，再加入鸡胸肉和西蓝花煮至略浓稠，加入盐和鸡精调味。

虾皮黄瓜粥

🥄 材料
米饭250克，黄瓜200克，胡萝卜20克，虾皮20克，油葱酥适量，高汤1000毫升

🍶 调料
盐1/2小匙，鸡精1/4小匙，白胡椒粉少许

📋 做法
1. 黄瓜、胡萝卜均洗净、去皮后切丝，备用。
2. 虾皮洗净，沥干水分后放入热油锅中以小火炒至散发出香味且呈金黄色，盛出沥干多余油分备用。
3. 汤锅中倒入高汤以中火煮至滚开，放入黄瓜、胡萝卜续煮5分钟，加入米饭拌匀后加入虾皮煮至略浓稠，再加入所有调料调味，最后加入油葱酥煮匀即可。

鲜藕粥

材料
大米	1杯
鲜莲藕	300克
猪肉片	200克
枸杞子	10粒
水	12杯
葱花	少许

调料
盐	少许
鸡精	少许
淀粉	少许

做法
1. 鲜莲藕洗净，削去外皮后切片，再以冷水浸泡，备用。
2. 猪肉片洗净，再与淀粉拌匀备用。
3. 取一深锅，加12杯水，以大火煮开后加入洗净的大米，转小火续煮20分钟，再放入莲藕煮30分钟，最后加入猪肉片、枸杞子及所有调料煮10分钟，最后撒上葱花即可。

大厨小叮咛　很早以前，莲藕即被作为滋养食品，主要富含优质的淀粉、维生素B$_1$、维生素C、铁、单宁等营养素，单宁具有收敛功效，加上丰富的铁质，临床证实可以用于止血。同时，莲藕富含膳食纤维，有良好的通便作用，是便秘患者的上佳食物。

香菇肉粥

材料
干香菇3朵，芹菜1/2根，鸡蛋1个，猪肉馅100克，红葱酥37克，白粥1碗，大骨高汤1碗，香菜少许

调料
盐1小匙，白胡椒粉1/2小匙

做法
1. 干香菇浸泡在水中变软后再取出切丝备用；芹菜洗净切末备用；鸡蛋打散后，放入油锅中以中火炸至酥黄状后取出备用。
2. 取一炒锅热锅后，放入猪肉馅炒至香味出来，再加入大骨高汤、香菇丝和鸡蛋一起煮10分钟。
3. 继续加入白粥、所有的调料、红葱酥，以中火煮开后即可熄火。
4. 起锅前，撒入芹菜末、香菜即可。

西红柿银耳粥

材料
米饭150克，西红柿100克，银耳8克，蟹腿肉80克，西芹50克，高汤1000毫升

调料
盐1/2小匙，鸡精1/2小匙，白胡椒粉少许

做法
1. 银耳洗净，泡水1小时后沥干，切小朵；蟹腿肉洗净，汆烫后捞出沥干；西红柿洗净，汆烫后去皮切块；西芹洗净，撕除老筋后切小丁备用。
2. 汤锅中倒入高汤以中火煮至滚开，放入米饭和银耳，加入西红柿煮约10分钟，再加入蟹腿肉煮匀，最后加入所有调料调味即可。

山药粥

🌱 材料

山药	150克
韭菜花	3根
海苔	1张
葱	1/2棵
白粥	1/2碗
大骨高汤	1碗

🧂 调料

盐	1小匙

🍲 做法

❶ 山药去皮洗净后，切成条状，放入滚水中汆烫，取出备用；葱洗净切成葱花备用；海苔用剪刀剪成条状备用；韭菜花洗净切段备用。

❷ 取一汤锅，放入大骨高汤、韭菜花、山药以中火煮5分钟后，加入白粥和调料拌匀即可熄火。

❸ 起锅盛入容器时，撒入葱花、海苔丝即可。

1-1　　1-2　　1-3 2

香菇玉米粥

材料
猪肉粒150克，胡萝卜100克，玉米粒150克，干香菇100克，水6杯，米饭3杯

调料
盐1/2小匙，鸡精1小匙，淀粉1.5小匙

做法
1. 猪肉粒拌入少许淀粉；胡萝卜洗净，切粒；玉米粒洗净备用。
2. 香菇以冷水泡软，去蒂并倒掉水，用1小匙淀粉抓洗后，将溶于水的淀粉及脏东西倒掉，捏干香菇取出切片，再拌入少许食用油备用。
3. 取一深锅，倒入6杯水，以大火煮开后转小火，将米饭及猪肉粒、玉米粒、胡萝卜粒、香菇片放入一起煮20分钟，最后加入调料拌匀即可。

玉竹鸡肉粥

材料
大米1杯，玉竹50克，鸡肉300克，淀粉少许，水12杯，枸杞子适量，山药100克

调料
盐少许，鸡精少许

做法
1. 玉竹用冷水泡发，沥干，切小段；山药去皮洗净，切小块。
2. 鸡肉洗净，切薄片，再与淀粉拌匀，以滚水稍烫一下就捞起备用。
3. 取一深锅，加入12杯水，以大火煮开后转小火，加入洗净的大米及玉竹、山药续煮50分钟，再放入鸡肉片和枸杞子煮10分钟后加调料调味即可。

红枣糙米粥

材料
糙米40克，猪瘦肉馅25克，红枣20克，芹菜30克，高汤1杯

调料
盐、淀粉、酱油各少许

做法
① 猪瘦肉馅剁成泥状，与淀粉、酱油混合均匀腌渍约30分钟至入味后，以滚水汆烫即捞起沥干水分备用。

② 红枣洗净后，以手捏破；将糙米洗净后，以冷水浸泡约1小时；芹菜去叶、去根后，洗净切粒备用。

③ 取一汤锅，加入高汤、1碗清水（材料外）及肉馅、红枣、糙米以中火煮开后，转小火，放入少许盐续煮约30分钟，起锅前，加入芹菜粒续煮约1分钟即可。

蛤蜊丝瓜粥

材料
大米40克，蛤蜊60克，丝瓜100克，生姜10克，高汤1碗

调料
盐适量

做法
① 将蛤蜊放入加了少许盐的水中，浸泡2小时，使其吐沙。

② 将丝瓜洗净后，去皮、切成片状备用；生姜洗净后，去皮、切成丝状备用；将大米洗净后，以冷水浸泡约30分钟备用。

③ 在汤锅中加入高汤、水、大米、丝瓜、生姜及蛤蜊一起烹煮，先以大火煮滚，再转成小火续煮约20分钟后，再加入少许盐搅拌均匀即可。

银鱼粥

🖐 材料
米饭250克，银鱼100克，葱末适量，蒜末20克，高汤650毫升

🍵 调料
盐1/4小匙，鸡精1/4小匙，料酒1小匙，白胡椒粉少许

🍱 做法
❶ 银鱼洗净，沥干水分备用。
❷ 热锅倒入1大匙油烧热，放入蒜末以小火爆香至呈金黄色，盛出即为蒜酥。
❸ 内锅中倒入高汤，放入米饭，加入银鱼继续拌匀，再加入所有调料调味，外锅加1/2杯水，按下开关，煮至开关跳起，最后加入葱末和蒜酥拌匀即可。

小米粥

🖐 材料
小米100克，燕麦片50克，水1200毫升

🍵 调料
冰糖80克

🍱 做法
❶ 小米洗净，泡水约1小时后沥干水分备用。
❷ 燕麦片洗净，沥干水分备用。
❸ 将小米和燕麦片放入电饭锅内锅中，加入水拌匀，外锅加入1杯水，按下开关，煮至开关跳起，继续焖约5分钟，再加入冰糖调味即可。

大厨小叮咛　　如果是即食燕麦片，最好在小米煮好后再加入，外锅重新加少许水继续焖煮一下就好。即食燕麦片如果一开始就加入也可以，但是口感会更糊一点。

白粥（用电饭锅煮）

🖐 材料
白米1/2杯，水3.5杯

🍚 做法
❶ 白米洗净、沥干，放入内锅中，再加入3.5杯水，移入电饭锅里。

❷ 电饭锅外锅加入2杯水，盖上锅盖、按下开关，煮至开关跳起即可。

白粥（用煤气炉煮）

🖐 材料
白米1杯，水12杯

🍚 做法
❶ 将白米用冷水淘洗干净，倒掉多余的水分，备用。

❷ 取一不锈钢深锅加12杯水，用大火将水煮开，放入米继续煮至滚开，再转小火，维持滚开的状况边煮边搅，约煮40分钟即可。

备注：在煮粥时，万一出现烧焦的情况，千万不要慌张，只要立刻熄火，千万不能搅拌，再用另外一个锅，将上面未烧焦部分快速盛出即可。

和白粥最速配的小菜

菜脯蛋

材料
菜脯80克，鸡蛋3个，小葱1棵

调料
细砂糖1/2小匙，料酒、淀粉各1/4小匙，鸡精、香油各少许

做法
1 菜脯洗净切末；小葱洗净沥干切末，备用。
2 取一大碗，打入鸡蛋后再放入菜脯末、小葱末及所有调料一起拌均匀。
3 起一锅，待锅烧热放入2大匙油，再倒入菜脯蛋液煎至七分熟后，翻面煎至呈金黄色即可。

辣菜脯

材料
菜脯200克

调料
辣椒酱1大匙，细砂糖1小匙，辣油1/2大匙，香油1小匙，白醋1小匙

做法
1 菜脯洗净切条状，放入沸水中快速汆烫一下，立刻捞出沥干水分，放入容器中备用。
2 将全部调料拌匀，加入菜脯中拌匀即可。

菜脯丁香鱼炒豆干条

材料
黑豆干2块，丁香鱼50克，菜脯80克，葱、姜、蒜末各10克，青辣椒、红辣椒各1个，豆豉1大匙

调料
盐1/4小匙，细砂糖1/2小匙，鸡精少许，料酒1/2大匙

做法
1 黑豆干切条；青辣椒、红辣椒切片；菜脯洗净沥干。
2 先将黑豆干及丁香鱼以160℃的油温略炸至微干，捞出沥油。锅中留少许油，放入葱、姜、蒜末、辣椒片和豆豉、菜脯，以中火炒香，随后放入黑豆干、丁香鱼及所有调料，以中火拌炒均匀入味即可。

黄花菜排骨粥

材料
大米80克，黄花菜10克，猪排骨200克，姜丝10克，葱花10克，碎油条20克，水400毫升

调料
盐1/4小匙，白胡椒粉1/6小匙，香油1小匙

做法
1. 猪排骨洗净剁小块；黄花菜用300毫升的冷开水（材料外）浸泡5分钟后，捞起沥干备用。
2. 大米洗净后和水放入内锅中，再放入猪排骨、黄花菜和姜丝。
3. 将内锅放入电饭锅中，外锅加入1杯水，按下开关煮至开关跳起。
4. 打开锅盖，加入调料，拌匀后盛入碗中，撒上葱花和碎油条即可。

淡菜山药粥

材料
大米80克，淡菜50克，山药200克，姜末10克，葱花10克，水400毫升

调料
盐1/4小匙，白胡椒粉1/6小匙，香油1小匙

做法
1. 山药去皮切丁；淡菜用300毫升冷开水（材料外）浸泡5分钟后，捞起沥干备用。
2. 大米洗净后和水放入内锅中，再放入山药丁、淡菜和姜末。
3. 将内锅放入电饭锅中，外锅加入1杯水，按下开关煮至开关跳起。
4. 打开锅盖，加入调料，拌匀后盛入碗中，撒上葱花即可。

黄金鸡肉粥

🌾材料

大米	40克
碎玉米	50克
鸡胸肉	120克
胡萝卜	60克
姜末	10克
葱花	10克
水	400毫升

🧂调料

盐	1/4小匙
白胡椒粉	1/6小匙
香油	1小匙

🍲做法

1. 鸡胸肉和胡萝卜洗净，切小丁备用。
2. 大米和碎玉米洗净后与水放入内锅中，再放入胡萝卜丁及姜末。
3. 将内锅放入电饭锅中，外锅加入1杯水，按下开关，煮约10分钟后，打开锅盖，放入鸡肉丁拌匀，再盖上锅盖继续煮至开关跳起。
4. 打开锅盖，加入调料，拌匀后盛入碗中，撒上葱花即可。

栗子鸡肉粥

🥘 材料
大米80克，鸡胸肉100克，干栗子仁100克，姜末10克，葱花10克，碎油条20克，水400毫升

🧂 调料
盐1/4小匙，白胡椒粉1/6小匙，香油1小匙

🍲 做法
1. 鸡胸肉洗净切小丁；干栗子仁用500毫升冷开水（材料外）浸泡约30分钟至泡发，挑去膜后对切备用。
2. 大米洗净后与水放入内锅中，再放入栗子仁和姜末。
3. 将内锅放入电饭锅中，外锅加入1杯水，按下开关，煮约10分钟后，打开锅盖，放入鸡胸肉丁拌匀，再盖上锅盖煮至开关跳起。
4. 打开锅盖，加入调料，拌匀后盛入碗中，撒上葱花和碎油条即可。

腊味芋头粥

🥘 材料
大米80克，腊肠100克，芋头100克，姜末10克，葱丝5克，红葱酥适量，水400毫升

🧂 调料
盐1/8小匙，白胡椒粉1/6小匙，香油1小匙

🍲 做法
1. 腊肠切小丁；芋头去皮切小丁备用。
2. 大米洗净后与水放入内锅中，再放入腊肠丁、芋头丁和红葱酥、姜末。
3. 将内锅放入电饭锅中，外锅加入1杯水，按下开关煮至开关跳起。
4. 打开锅盖，加入调料，拌匀后盛入碗中，撒上葱丝即可。

坚果素粥

🖐 材料
大米50克，燕麦片30克，素高汤450毫升，什锦坚果150克，姜末10克

🥫 调料
盐1/8小匙，白胡椒粉1/6小匙，香油1小匙

🍲 做法
❶ 什锦坚果洗净，沥干备用。

❷ 大米、燕麦片洗净后和素高汤放入内锅中，再放入综合坚果和姜末。

❸ 将内锅放入电饭锅中，外锅加入1杯水，按下开关煮至开关跳起。

❹ 打开锅盖，加入调料，拌匀后盛入碗中即可。

冬瓜白果粥

🖐 材料
大米100克，冬瓜20克，白果20克，甜豆荚2克，姜2克，枸杞子2克，水500毫升

🥫 调料
鸡精1/2小匙，白胡椒粉1/4小匙

🍲 做法
❶ 大米洗净沥干；冬瓜去皮、去籽后切厚圆片；甜豆荚洗净切斜片；姜切丝。

❷ 将大米、冬瓜片、甜豆荚片、白果、姜丝、枸杞子以及所有调料放入内锅中。

❸ 将内锅放入电饭锅中，外锅加入2杯水，盖上锅盖，按下开关煮至开关跳起即可。

圆白菜莲藕粥

🥬 材料
大米100克，圆白菜干20克，莲藕50克，皇帝豆10克，油葱酥1/2小匙，枸杞子2克，葱花1/4小匙，水500毫升

🍶 调料
鸡精1/2小匙，白胡椒粉1/4小匙

🍲 做法
① 将大米洗净沥干；圆白菜干洗净，放入水中浸泡约10分钟后取出；莲藕洗净后切片。
② 将大米、圆白菜干、莲藕片、皇帝豆、油葱酥、枸杞子和所有调料放入内锅中。
③ 将内锅放入电饭锅中，外锅加入2杯水，盖上锅盖，按下开关煮至开关跳起后，盛入碗中，撒上葱花即可。

韭菜牛肉粥

🥬 材料
大米100克，牛肉丝30克，韭菜20克，姜丝2克，胡萝卜丝2克，水500毫升

🍶 调料
鸡精1/2小匙，白胡椒粉1/4小匙，料酒1小匙，淀粉1小匙

🍲 做法
① 大米洗净沥干；牛肉丝与淀粉混合拌匀，放入滚水中稍微汆烫后取出；韭菜洗净后切小段。
② 大米、牛肉丝、姜丝、胡萝卜丝和其余调料放入内锅中。
③ 将内锅放入电饭锅中，外锅加入2杯水，按下开关煮至开关跳起。
④ 续将韭菜段放入内锅中，盖上锅盖，焖约1分钟即可。

花生牛肚粥

🌾 材料
大米100克，花生30克，牛肚100克，菠菜5克，枸杞子2克，蒜酥1/2小匙，水600毫升

🍶 调料
鸡精1小匙，白胡椒粉1/4小匙，料酒1大匙

🍲 做法
❶ 大米洗净沥干；牛肚洗净切片，放入滚水中汆烫后捞起沥干；花生泡水约30分钟再沥干；菠菜洗净切段备用。

❷ 大米、牛肚片、花生、菠菜段、枸杞子、蒜酥和所有的调料混合均匀，放入内锅中。

❸ 将内锅放入电饭锅中，外锅加入3杯水，盖上锅盖，按下开关煮至开关跳起即可。

菠菜瘦肉粥

🌾 材料
大米100克，猪瘦肉50克，菠菜100克，胡萝卜5克，油葱酥1/2小匙，油条段2克，水500毫升

🍶 调料
鸡精1小匙，白胡椒粉1/4小匙，料酒1/2小匙

🍲 做法
❶ 大米洗净沥干；猪瘦肉洗净切丝；菠菜洗净去根部后切末；胡萝卜洗净后切末备用。

❷ 大米、猪瘦肉丝、胡萝卜末、油葱酥和所有调料混合均匀，放入内锅中。

❸ 将内锅放入电饭锅中，外锅加入2杯水，盖上锅盖，按下开关煮至开关跳起。

❹ 将菠菜末放入内锅中，焖约2分钟后盛入碗中，放上油条段即可。

薏米冬瓜瘦肉粥

材料
薏米80克，冬瓜50克，猪肉馅20克，油葱酥1/2小匙，水500毫升

调料
鸡精1/2小匙，白胡椒粉1/4小匙，料酒1大匙

做法
1. 薏米洗净，放入水中浸泡约40分钟后取出沥干；冬瓜去皮、去籽后切小片备用。
2. 将所有材料和所有调料一起放进内锅中。
3. 将内锅放入电饭锅中，外锅加入2杯水，盖上锅盖，按下开关煮至开关跳起即可。

福菜肉片粥

材料
大米100克，梅花肉30克，客家福菜20克，姜丝2克，蒜片（炸过）2克，葱段10克，水500毫升

调料
鸡精1/2小匙，白胡椒粉1/4小匙，料酒1小匙，淀粉1小匙

做法
1. 大米洗净沥干；福菜洗净，放入水中浸泡约20分钟后取出，稍微扭干再切丝备用。
2. 梅花肉洗净切片，和淀粉混合拌匀后，放入滚水中稍微氽烫后捞起沥干。
3. 将大米和福菜、梅花肉片、姜丝、蒜片和其余调料放进内锅中。
4. 将内锅放入电饭锅中，外锅加入2杯水，盖上锅盖，按下开关煮至开关跳起，再加入葱段即可。

三菇猪肝粥

材料

大米	100克
猪肝	50克
淀粉	1大匙
鲜香菇	5克
杏鲍菇	5克
金针菇	2克
葱段	2克
姜丝	2克
油葱酥	1/4小匙
水	500毫升

调料

鸡精	1/2小匙
白胡椒粉	1/4小匙
料酒	1大匙

做法

1. 大米洗净沥干；猪肝洗净切片，与淀粉混合拌匀，放入滚水中稍微汆烫后捞起沥干；鲜香菇、杏鲍菇洗净后切片；金针菇洗净去须根后切段备用。

2. 将香菇片、杏鲍菇片、金针菇和葱段放入加了少许油的平底锅中，以大火炒香后盛起。

3. 将炒好的材料与大米、猪肝片、姜丝、油葱酥、水及所有调料，放入内锅中。

4. 将内锅放入电饭锅中，外锅加入2杯水，盖上锅盖，按下开关煮至开关跳起即可。

猪脑补神粥

🥄 材料
大米100克,猪脑50克,红枣10克,姜丝2克,当归2克,上海青1棵,水500毫升

🍶 调料
鸡精1/2小匙,白胡椒粉1/4小匙,料酒1大匙

📋 做法
❶ 大米洗净沥干;猪脑洗净,放入滚水中汆烫去血水后取出备用。

❷ 大米、猪脑、红枣、姜丝、当归和所有调料放入内锅中。

❸ 再放进电饭锅中,外锅加入2杯水,盖上锅盖,按下开关煮至开关跳起,放入洗净的上海青焖熟即可。

鸡胗芥菜心粥

🥄 材料
糙米100克,鸡胗50克,芥菜心20克,胡萝卜10克,姜片3片,水600毫升

🍶 调料
鸡精1/2小匙,白胡椒粉1/4小匙,料酒1/2大匙

📋 做法
❶ 糙米洗净后泡入水中约30分钟备用;鸡胗切片汆水,芥菜心洗净后切片;胡萝卜去皮切片备用。

❷ 糙米、鸡胗片、芥菜心、胡萝卜片、姜片和所有调料放入内锅中。

❸ 将内锅放进电饭锅中,外锅加入2杯水,盖上锅盖,按下开关煮至开关跳起即可。

黄瓜鸡肉粥

🌱材料
大米100克，鸡胸肉30克，大黄瓜20克，姜片1克，胡萝卜片2克，蒜酥1/4小匙，水500毫升

🍶调料
鸡精1/2小匙，白胡椒粉1/4小匙，料酒1小匙，淀粉1小匙

🍜做法
❶ 大米洗净沥干；鸡胸肉洗净切片，与淀粉混合拌匀，放入滚水中稍微氽烫后捞起沥干；大黄瓜去皮、去籽后切片备用。

❷ 将大米、鸡胸肉片、大黄瓜片、姜片、胡萝卜片、蒜酥和其余调料放入内锅中。

❸ 将内锅放入电饭锅中，外锅加入2杯水，盖上锅盖，按下开关煮至开关跳起即可。

当归羊肉粥

🌱材料
大米100克，羊肉50克，当归10克，红枣5克，姜丝2克，香菜末少许，高汤500毫升

🍶调料
白胡椒粉1/4小匙，料酒1大匙

🍜做法
❶ 大米洗净沥干；羊肉洗净切片，放入滚水中稍微氽烫后捞起沥干备用。

❷ 将大米、羊肉、当归、红枣、姜丝和所有调料一起放入内锅中，加入高汤。

❸ 将内锅放入电饭锅中，外锅加入2杯水，盖上锅盖，按下开关煮至开关跳起，盛盘后撒上香菜末即可。

胡萝卜鸭肉粥

材料
大米100克，胡萝卜30克，鸭肉片30克，白果10克，姜丝1/2小匙，菠菜2克，水500毫升

调料
鸡精1/2小匙，白胡椒粉1/4小匙，料酒1大匙

做法
1. 大米洗净沥干；胡萝卜洗净，以果汁机搅打后过滤掉胡萝卜泥，留汁备用；菠菜洗净。
2. 将大米、胡萝卜汁、鸭肉片、白果、姜丝、水和所有调料一起放入内锅中。
3. 将内锅放进电饭锅中，外锅加入2杯水，盖上锅盖，按下开关煮至开关跳起，再摆入洗净的菠菜焖熟即可。

鱼丸蔬菜粥

材料
大米100克，鱼丸50克，茄子5克，胡萝卜5克，上海青丝2克，干香菇2克，姜丝2克，油葱酥1/4小匙，水600毫升

调料
鸡精1/2小匙，白胡椒粉1/4小匙，料酒1大匙

做法
1. 大米洗净沥干；鱼丸洗净切片；茄子洗净切圆片；胡萝卜洗净切丝；干香菇泡发后切丝备用。
2. 将大米、鱼丸片、胡萝卜丝、茄片、香菇丝、姜丝、油葱酥、水和所有调料放入内锅中。
3. 将内锅放入电饭锅中，外锅加入2杯水，盖上锅盖，按下开关煮至开关跳起，再放入上海青丝焖熟即可。

三文鱼荞麦粥

材料
荞麦80克，三文鱼50克，西芹10克，洋葱5克，枸杞子2克，水500毫升

调料
盐1/4小匙，白胡椒粉1/4小匙，料酒1大匙

做法
❶ 荞麦洗净，泡入水中约30分钟备用；三文鱼切片；西芹洗净去粗梗后切斜片；洋葱洗净切片备用。

❷ 所有材料与所有调料一起放入内锅中。

❸ 将内锅放入电饭锅中，外锅加入2杯水，盖上锅盖，按下开关煮至开关跳起即可。

排骨燕麦粥

材料
燕麦150克，猪排骨500克，上海青50克，姜片2片，高汤2300毫升

调料
盐1小匙，鸡精1/2小匙，料酒1大匙

做法
❶ 将猪排骨洗净，放入滚水中汆烫至汤汁出现大量灰褐色浮沫，倒除汤汁再次洗净备用。

❷ 上海青洗净，切小段备用。

❸ 将猪排骨放入电子锅中，加入高汤、姜片和燕麦拌匀后煮至开关跳起，继续焖约5分钟，开盖加入上海青拌匀再以调料调味即可。

樱花虾豆浆粥

🌾 材料

大米	80克
水	250毫升
豆浆	200毫升
樱花虾	10克
猪肉馅	50克
鸡蛋	2个
葱花	20克
姜末	20克

🧂 调料

盐	1/2小匙
白胡椒粉	1/4小匙
香油	2小匙

📋 做法

❶ 大米洗净后与樱花虾及水、豆浆放入电子锅，再放进电子锅中，按下开关选择"煮粥"功能后，按"开始"键开始。

❷ 煮约30分钟后，打开电子锅盖，放入姜末、猪肉馅拌开，再盖上电子锅盖续煮。

❸ 煮至开关跳起后，打开电子锅盖，加入蛋液和所有调料拌匀，盛入碗中，撒上葱花即可。

海苔碎牛肉粥

材料
大米80克，碎牛肉150克，海苔片1张，姜末20克，葱花20克，碎油条20克，水450毫升

调料
盐1/2小匙，白胡椒粉1/4小匙，香油2小匙

做法
❶ 海苔片撕成小片备用。

❷ 大米洗净后与水放入内锅中，盖上电子锅盖，按下开关选择"煮粥"功能后，按"开始"键开始。

❸ 煮约30分钟后，打开电子锅盖，放入姜末、碎牛肉和海苔片拌开，再盖上电子锅盖续煮。

❹ 煮至开关跳起后，打开电子锅盖，加入所有调料拌匀，盛入碗中，撒上葱花和碎油条即可。

枸杞子猪腰粥

材料
大米100克，猪腰100克，枸杞子10克，姜丝2克，蒜酥片2克，水500毫升

调料
鸡精1/2小匙，白胡椒粉1/4小匙，料酒1大匙

做法
❶ 大米洗净沥干；猪腰洗净切十字花刀后切片，放入滚水中稍微氽烫去除血水后取出，沥干备用。

❷ 将所有材料和所有调料一起放入内锅中，再放进电子锅中，按下开关选择"煮粥"功能后，按"开始"键开始，煮至开关跳起即可。

高钙健骨粥

材料
十谷高钙米100克，猪排骨50克，小鱼干10克，菠菜梗20克，银鱼20克，蒜酥片2克，大骨高汤600毫升

调料
白胡椒粉1/4小匙，料酒1大匙

做法
❶ 猪排骨放入滚水中汆烫，取出沥干；十谷高钙米、小鱼干冲水洗净，沥干备用；菠菜梗洗净切末；银鱼洗净沥干，取10克放入油锅中炸至酥脆备用。

❷ 将猪排骨、十谷高钙米、小鱼干、蒜酥片、其余10克银鱼和调料加大骨高汤放入内锅中，再放进电子锅中，按下开关选择"煮粥"功能后，按下"开始"，煮至开关跳起。再将菠菜梗放入内锅，焖约10秒，再撒上炸酥的银鱼即可。

玉米火腿粥

材料
大米100克，玉米20克，火腿丁30克，青豆仁5克，鸡蛋1个，水500毫升

调料
鸡精1/4小匙，白胡椒粉1/4小匙

做法
❶ 大米洗净沥干备用。

❷ 将大米、玉米、火腿丁、青豆仁和所有的调料，放入内锅中，再放进电子锅中，按下开关选择"煮粥"功能后，按"开始"键开始，煮至开关跳起。

❸ 将鸡蛋打散倒入内锅中，盖上电子锅盖，焖约1分钟后即可。

小米鲜虾粥

🌱 材料
小米80克，鲜虾30克，西芹10克，胡萝卜10克，洋葱5克，油葱酥少许，甜豆荚丁10克，水500毫升

🥄 调料
白胡椒粉1/4小匙，盐1/4小匙

📋 做法
1. 小米洗净后，泡水约20分钟，捞起沥干；鲜虾洗净去壳；西芹、胡萝卜、洋葱洗净切小丁备用。
2. 将全部材料（鲜虾、甜豆荚丁除外）和所有调料，放入内锅中，再放进电子锅中，按下开关选择"煮粥"功能后，按"开始"键开始，煮至开关跳起。
3. 续将鲜虾和甜豆荚丁放入内锅中，按下开关选择"煮粥"功能后，按"开始"键开始，再煮约1分钟即可。

鸡肝大豆粥

🌱 材料
大豆80克，鸡肝30克，黄花菜10克，姜丝2克，水500毫升，青豆仁2克

🥄 调料
鸡精1/2小匙，白胡椒粉1/4小匙，料酒1大匙

📋 做法
1. 大豆和黄花菜洗净后，分别泡水约20分钟，捞起沥干；鸡肝洗净切片、氽水备用。
2. 将大豆、鸡肝、姜丝、黄花菜和所有的调料，放入内锅中，再放进电子锅中，按下开关选择"煮粥"功能后，按"开始"键开始，煮至开关跳起。
3. 续将青豆仁放入内锅中，盖上电子锅盖，焖约1分钟即可。

青木瓜海带粥

🌱 材料
大米100克，青木瓜100克，海带结20克，红枣20克，姜丝2克，水500毫升

🥄 调料
白胡椒粉1/4小匙，柴鱼粉1/2小匙

🍲 做法
❶ 大米洗净沥干；青木瓜去皮、切块备用。

❷ 将大米、青木瓜块、海带结、红枣、姜丝、所有的调料和水，放入内锅中，再放进电子锅中，按下开关选择"煮粥"功能后，按"开始"键开始，煮至开关跳起。

箭笋排骨粥

🌱 材料
大米80克，猪排骨50克，箭笋30克，黄芪2克，油葱酥适量，芹菜末适量，高汤500毫升

🥄 调料
白胡椒粉1/4小匙，料酒1大匙

🍲 做法
❶ 猪排骨和箭笋切大块，放入滚水中汆烫后，捞起沥干；大米洗净沥干备用。

❷ 将猪排骨、箭笋、黄芪、油葱酥、大米、所有的调料和高汤，放入内锅中，再放进电子锅中，按下开关选择"煮粥"功能后，按"开始"键开始，煮至开关跳起，再撒上芹菜末即可。

红枣牛蒡鸡粥

材料
燕麦100克，鸡胸肉50克，牛蒡30克，红枣20克，水500毫升

调料
鸡精1/2小匙，白胡椒粉1/4小匙，料酒1小匙

做法
1. 红枣洗净沥干；燕麦洗净，泡入水中约30分钟备用；鸡胸肉洗净剁成泥；牛蒡去皮切斜段备用。
2. 将红枣、燕麦、鸡胸肉、牛蒡、所有调料和水，放入内锅中，再放进电子锅中，按下开关选择"煮粥"功能后，按"开始"键开始，煮至开关跳起。

双色羊肉粥

材料
大米100克，羊肉片50克，胡萝卜丁30克，白萝卜丁20克，水500毫升

调料
鸡精1/2小匙，白胡椒粉1/4小匙，料酒1大匙

做法
1. 大米洗净沥干；羊肉片放入滚水中汆烫至熟后，捞起沥干备用。
2. 将大米、羊肉片、胡萝卜丁、白萝卜丁、所有的调料和水，放入内锅中，再放进电子锅中，按下开关选择"煮粥"功能后，按"开始"键开始，煮至开关跳起即可。

牛腩栗子粥

🥣 **材料**

大米	100克
牛腩	50克
干栗子	20克
蒜	10克
红枣	5克
黄芪	1克
水	500毫升

🧂 **调料**

鸡精	1/2小匙
白胡椒粉	1/4小匙
料酒	1大匙

📋 **做法**

❶ 大米洗净沥干；牛腩切块，放入滚水中烫熟，捞起沥干；干栗子泡水去膜备用。

❷ 将大米、牛腩、干栗子、蒜、红枣、黄芪、所有的调料和水，放入内锅中，再放进电子锅中，按下开关选择"煮粥"功能后，按"开始"键开始，煮至开关跳起即可。

PART 2

广东粥篇

　　地道广东粥通常必须和腌至入味的配料一同烹煮，如此一来可让味道完全渗入粥中，慢慢熬煮，已糊化的米粒口感绵密，是最能打动人心的广东粥口感。

广东粥粥底秘诀大公开

广东粥是我们最常吃的粥品，想在自己厨房享用五星级的广东粥，就得先学会煮"粥底"，学会了最重要的一个步骤，自然就容易煮出可口的各式粥品了。

材料
大米1杯，水17杯，皮蛋1/2个，腐皮1/2张，食用油1小匙

做法
❶ 将大米用冷水淘洗干净，倒掉多余的水分，拌入皮蛋并加1小匙食用油腌渍至少1小时备用。
❷ 腐皮洗净，以冷水泡一下至稍软即可取出备用。
❸ 取一不锈钢深锅加入17杯水，用大火将水煮开，放入大米及腐皮继续煮至滚开，再转小火，维持滚开的状况，边煮边搅，一直煮1~1.5小时至米粒糊化即可。

大厨小叮咛

煮一碗好吃的粥其实一点也不难，先将大米拌入少许油，这样比较容易煮开，并记得在煮的过程中，要不断搅拌，别让米粒粘锅。当看到米心融化时关火，一碗有稠度的好粥就出锅了！

1-1　　1-2　　3-1　　3-2

三种不同浓稠度的享受

每个人的喜好不同，不同浓稠度的粥滋味也不同；比如广东粥就比白粥稠，潮州粥则如水泡饭，口感自然不同，以下是3种不同比例的粥。

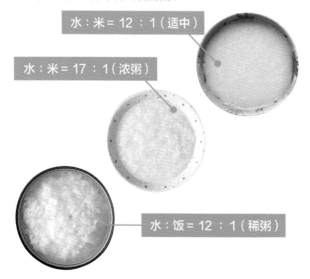

水：米 = 12：1（适中）

水：米 = 17：1（浓粥）

水：饭 = 12：1（稀粥）

喝粥的好处
(1)健胃整肠，有助消化：粥非常容易消化，适合肠胃不适的人食用，可调整肠胃功能。
(2)增进食欲，改善偏食：生病时食欲不振或大病初愈时，喝些养生粥或清粥搭配开胃小菜，能够补充营养，增加体力；小孩子偏食，也可以吃粥来均衡营养。
(3)改善体质，延年益寿：喝粥具保健养生的功效，尤其是老年人多喝粥，有益于延年益寿。

状元及第粥

🌱 材料

Ⓐ
猪肉片	75克
猪腰	75克
猪肠	75克
猪肚	1/2副
（约75克）	
广东粥粥底	8杯
蒜	1瓣
姜片	少许
葱段	少许
油条	1根
葱花	少许
香菜	少许

Ⓑ
猪肝	1副
（约75克）	
淀粉	少许

🧂 调料
胡椒粉	少许
盐	1/2匙
鸡精	1小匙
香油	少许

🍲 做法

① 猪肉片洗净，切丝；猪肝洗净，切片后拌入少许淀粉备用。

② 猪腰先以刀切去边缘部分，再挑去内部筋膜及白色油脂部分后，于表层顺着边缘斜切花但不切断，再将整个猪腰切片，以清水洗净备用。

③ 猪肠拉直，将蒜从一端推入，慢慢推至另一端后取出，再以流动的清水慢慢冲洗干净备用。

④ 猪肚拌入少许淀粉后洗净，再取一深锅加入可盖过猪肠及猪肚的水量煮至滚，放入猪肚、猪肠及姜片、葱段煮约1小时至软后捞起沥干，将猪肠切段、猪肚切细条状备用。

⑤ 将油条切小段，用约120℃的油温，以小火炸约30秒至酥脆后，捞起沥干油备用。

⑥ 取一深锅，倒入8杯广东粥底以小火煮开，放入猪肉丝、猪肝片、猪腰片、猪肠段、猪肚丝及所有调料一起煮开，再煮2分钟即熄火，食用前加入炸酥的油条，撒上香菜、葱花即可。

皮蛋瘦肉粥

材料

皮蛋2个,猪瘦肉300克,广东粥粥底8杯,油条1根,姜丝少许,葱花少许,香菜少许

调料

白胡椒粉少许,盐1.5大匙,鸡精1小匙,香油少许

做法

① 皮蛋剥壳,每个切成等量的8瓣备用。

② 猪瘦肉洗净沥干水分,用1大匙盐腌渍3小时至入味,再放入电饭锅蒸20分钟即取出切片备用。

③ 将油条切小段,用约120℃的油温,以小火炸约30秒至酥脆后,捞起沥干备用。

④ 取一深锅,倒入8杯广东粥粥底以小火煮开,放入皮蛋、猪瘦肉、姜丝及其余调料一起煮开后,再继续煮3~5分钟即熄火,食用前加入炸酥的油条,撒上香菜、葱花即可。

滑蛋牛肉粥

材料

牛肉300克,鸡蛋2个,葱花少许,广东粥粥底8杯

调料

嫩肉粉少许,淀粉少许,白胡椒粉少许,盐1.5小匙,鸡精1小匙,香油少许

做法

① 牛肉洗净,切片,再与少许盐、嫩肉粉、淀粉拌匀,腌渍约10分钟至软化入味;鸡蛋打散成蛋液备用。

② 取一深锅,倒入8杯广东粥粥底以小火煮开,放入牛肉片,煮开后再煮2分钟,最后将蛋液淋在粥上,顺时针搅开,再撒上白胡椒粉、鸡精,淋上香油,撒上葱花即可。

窝蛋牛肉粥

材料

米饭	200克
大骨高汤	700毫升
碎牛肉	120克
莴苣（切丝）	60克
葱丝	5克
姜丝	5克
鸡蛋	1个
水	50毫升

调料

盐	1/8小匙
白胡椒粉	少许
香油	1/2小匙

做法

1. 将米饭放入大碗中，加入约50毫升的水，用大汤匙将有结块的米饭压散，备用。

2. 取一锅，将大骨高汤倒入锅中煮开，再放入压散的米饭，煮滚后转小火，续煮约5分钟至米粒糊烂。

3. 于粥中加入碎牛肉，并用大汤匙搅拌均匀，再煮约1分钟后，加入盐、白胡椒粉、香油拌匀后熄火。

4. 取一碗，装入莴苣丝、葱丝及姜丝，再将煮好的牛肉粥倒入碗中，最后打入鸡蛋，食用时将鸡蛋与粥拌匀即可。

香菇鸡肉粥

材料
干香菇100克，鸡腿400克，广东粥粥底8杯，葱花适量

调料
盐少许，鸡精少许，淀粉1.5小匙

做法

① 干香菇以冷水泡软，去蒂并倒掉水，用1小匙淀粉抓洗后，将溶于水的淀粉及脏污倒掉，捏干香菇后切片，再拌少许食用油备用。

② 鸡腿除去鸡骨，洗净后切块，用少许盐、淀粉拌匀备用。

③ 取一深锅，倒入8杯广东粥粥底以小火煮开，加入香菇及鸡块，续煮15分钟后加入其余调料拌匀，起锅前撒上葱花即可。

姜丝干贝粥

材料
干贝50克，新鲜干贝200克，广东粥粥底8杯，姜丝少许

调料
盐1/2小匙，鸡精1小匙，白胡椒粉少许，淀粉少许

做法

① 干贝洗净，放入已盖过干贝水量的锅中，再放入电饭锅中蒸1小时，将干贝捏碎于蒸过的水中备用。

② 新鲜干贝洗净切片，以少许淀粉腌渍备用。

③ 取一深锅，倒入8杯广东粥粥底以小火煮开，加入干贝及蒸过的水和鲜干贝、姜丝一起煮5分钟，再加入其余调料即可。

鱼片粥

材料
Ⓐ 鳕鱼肉400克，淀粉少许，香油少许，白胡椒粉少许 Ⓑ 广东粥粥底8杯，姜丝少许，鱼酥少许，葱丝少许，香菜少许

调料
盐少许，鸡精少许

做法
❶ 鳕鱼肉洗净，切成厚约1厘米的薄片，在鱼肉表面均匀抹上盐、淀粉、香油、白胡椒粉腌渍入味备用。

❷ 取一深锅，倒入8杯广东粥粥底，以小火煮开，加入姜丝及其余调料拌匀，再放鳕鱼肉煮至滚沸时即熄火，食用前加上鱼酥、葱丝、香菜即可。

鲍鱼鸡肉粥

材料
去骨鸡腿肉200克，罐头鲍鱼150克，广东粥粥底8杯，姜丝少许，葱花少许

调料
盐1/2小匙，鸡精1小匙，香油少许，淀粉1小匙

做法
❶ 鸡腿肉洗净，切块，用少许盐、淀粉拌匀备用。

❷ 打开罐头取出鲍鱼，直接切片备用。

❸ 取一深锅，倒入8杯广东粥粥底以小火煮开，放入鸡腿肉、鲍鱼及姜丝一起煮15分钟后，放入其余调料拌匀，撒上葱花即可。

什锦海鲜粥

材料

米饭3杯，小墨鱼150克，海瓜子200克，水6杯，虾仁150克，干贝100克，姜丝少许，胡萝卜片适量，香菜少许

调料

盐少许，鸡精少许，白胡椒粉少许，香油少许

做法

① 小墨鱼洗净，切片；海瓜子以冷水浸泡约1小时使其吐沙，再以滚水将海瓜子煮至壳皆打开后捞出；虾仁洗净，挑去肠泥；干贝洗净备用。

② 取一深锅，倒入6杯水煮开后，加入米饭续煮15分钟，加入虾仁、干贝、胡萝卜片、姜丝和所有调料再煮2分钟，最后加入其余材料再次煮开后撒上香菜即可。

虾仁粥

材料

米饭200克，大骨高汤700毫升，草虾仁120克，姜末5克，鸡蛋（打散）1个，葱花5克，油条（切小块）10克，水50毫升

调料

盐1/8小匙，白胡椒粉少许，香油1/2小匙

做法

① 草虾仁背部划开、去肠泥，洗净沥干；米饭放入大碗中，加入约50毫升水，用大汤匙将有结块的米饭压散，备用。

② 取一锅，将大骨高汤倒入锅中煮开，再放入压散的米饭煮滚，转小火煮至米粒糊烂；锅中加入草虾仁及姜末，并搅拌均匀，再煮约1分钟后，加入盐、白胡椒粉、香油拌匀，淋入打散的鸡蛋拌匀，凝固后熄火。

③ 起锅装碗后，依个人喜好撒上葱花及小块油条即可。

牛蒡粥

材料
大米	1杯
牛蒡	200克
猪腱	200克
水	12杯
香菜	少许

调料
盐	少许
鸡精	少许

做法
1. 牛蒡去除外皮洗净后切片；猪腱洗净，切条状备用。
2. 取一深锅，加12杯水，以大火煮开后放入洗净的米，转小火继续煮30分钟，加牛蒡一起煮20分钟，再加猪腱续煮10分钟，起锅前加入所有调料调味拌匀，撒上香菜即可。

大厨小叮咛　牛蒡含有丰富的水分、糖类、脂肪、蛋白质、维生素A、维生素B$_1$、维生素C，以及钙、磷、钾、铁等矿物质。最特别的是，牛蒡中含有大量的膳食纤维，可以刺激大肠蠕动、帮助排便、降低体内胆固醇、阻止毒素与废物在体内积存，能够有效预防中风及胃癌。

广东粥

材料

A
米饭	200克
大骨高汤	700毫升
鸡蛋（打散）	1个
葱花	5克
油条（切小块）	10克
水	50毫升

B
皮蛋（切小块）	1个
猪肉馅	50克
墨鱼（切丝）	30克
猪肝（切薄片）	25克
玉米粒（罐头）	25克

调料
盐	1/8小匙
白胡椒粉	少许
香油	1/2小匙

做法

1. 将米饭放入大碗中，加入约50毫升的水，用大汤匙将有结块的米饭压散，备用。

2. 取一锅，将大骨高汤倒入锅中煮开，再放入压散的米饭，煮滚后转小火，续煮约5分钟至米粒糊烂。

3. 于粥中加入所有材料B，并用大汤匙搅拌均匀，再煮约1分钟后加入盐、白胡椒粉、香油拌匀，接着淋入打散的鸡蛋，拌匀凝固后熄火。

4. 起锅装碗后，可依个人喜好撒上葱花及小块油条搭配即可。

大厨小叮咛　如果懒得花时间熬大骨高汤，也可以直接购买市售高汤，或是直接用开水替代，虽然口感上稍有不同，不过的确是个省时的便捷方法。

香芋排骨粥

材料
猪排骨400克，芋头300克，水12杯，大米1杯

调料
盐1/2小匙，鸡精1小匙

做法
1. 猪排骨洗净，斩块，以滚水汆烫一下即捞起备用。
2. 芋头削去外皮，切块后洗净，并放入120℃的油锅中以小火炸至外皮呈黄色时，捞起沥油备用。
3. 取一深锅，倒入12杯水，以大火煮开后放入洗净的大米，转小火一边搅一边煮约20分钟；再放入猪排骨继续煮30分钟，放入芋头一起煮10分钟，最后与所有调料拌匀，撒上葱花（材料外）即可。

西红柿排骨粥

材料
大米1杯，猪排骨400克，西红柿2个（约400克），水12杯

调料
盐1/2小匙，鸡精1小匙

做法
1. 猪排骨洗净，斩块，以滚水汆烫一下即捞起冲水备用；西红柿用开水稍微煮一下约2分钟，至外皮裂开即可剥去外皮，再将西红柿分别切成8瓣备用。
2. 取一深锅，倒入12杯水，以大火煮开后放入洗净的大米，转小火一边搅一边煮约20分钟；再放入猪排骨继续煮30分钟，然后放入西红柿煮20分钟，最后加入所有调料拌匀即可。

罗汉粥

材料
米饭3杯，干香菇50克，胡萝卜50克，玉米笋50克，泡发黑木耳50克，泡发银耳50克，草菇50克，水6杯

调料
盐少许，味精少许，淀粉1小匙

做法
1. 干香菇以冷水泡软，去蒂并倒掉水，用1小匙淀粉抓洗后，将溶于水的淀粉及脏东西倒掉，捏干香菇后切片，再拌入少许食用油备用。
2. 胡萝卜洗净，切粒；玉米笋洗净，切粗丁；银耳、黑木耳、草菇洗净，连同玉米笋一起以滚水汆烫一下即捞起备用。
3. 取一深锅，加入6杯水及3杯米饭一起煮15分钟，加入其余材料继续煮5分钟，放入其余调料拌匀即可。

人参鸡粥

材料
大米1杯，带骨鸡腿500克，人参须50克，枸杞子适量，水12杯

调料
盐少许，鸡精少许，白胡椒粉少许，淀粉少许

做法
1. 带骨鸡腿洗净，切块，再与淀粉拌匀，并以滚水汆烫一下即捞起备用。
2. 取一深锅，加入12杯水煮开，再与大米、人参须、枸杞子一起边煮边搅约40分钟，再加入鸡腿块继续煮20分钟，加入其余调料拌匀即可。

鸭肉粥

材料
烤鸭肉300克，水6杯，米饭3杯，姜丝少许，芹菜末少许，葱丝少许，香菜少许，油条少许

调料
盐少许，鸡精少许，白胡椒粉少许

做法
1. 烤鸭肉剁小块；芹菜洗净切末备用。
2. 取一深锅，加入6杯水及3杯米饭一起边搅边煮约15分钟，放入烤鸭肉，继续煮5分钟，再加调料搅拌均匀即可。
3. 芹菜末、姜丝可放于煮好的粥上，或与葱丝、香菜、油条另外盛盘，与粥搭配着吃。

大厨小叮咛　材料中的烤鸭肉若是带骨的，则需要买400克的烤鸭肉才够，并且与米饭一起煮时，必须煮约10分钟才能入味。

干贝田鸡粥

材料
干贝50克，田鸡肉400克，水6杯，米饭3杯，姜丝少许

调料
盐少许，鸡精少许，白胡椒粉少许，淀粉少许

做法
1. 干贝用冷水泡30分钟至软后，取出捏碎备用。
2. 田鸡肉切块后与淀粉拌匀，以滚水氽烫一下捞起切片备用。
3. 取一深锅，加入6杯水和3杯米饭及干贝，以小火边煮边搅至煮开，再煮30分钟，放入姜丝，再放田鸡肉块续煮3分钟，最后加其余调料拌匀，撒上香菜（材料外）即可。

味噌海鲜粥

🌱 材料
虾200克，新鲜干贝200克，味噌50克，米饭3杯，柴鱼片少许，芹菜末少许，红葱酥少许，葱花少许，水6杯

🧂 调料
盐少许，鸡精少许，白胡椒粉少许，细砂糖少许，淀粉少许

🍳 做法
1. 虾洗净挑去肠泥；新鲜干贝洗净，以少许淀粉腌渍；用少许冷水将味噌搅散备用。
2. 取一深锅，加入6杯水和3杯米饭一起煮开后，加入搅散的味噌继续煮15分钟，放入虾及干贝，再煮5分钟，加入其余调料拌匀，起锅前撒上芹菜末、红葱酥、葱花即可。

腊八粥

🌱 材料
大米1杯，鸡肉片100克，花生仁50克，薏米50克，栗子50克，莲子50克，干银耳50克，白果50克，红豆50克，水12杯

🧂 调料
盐少许，鸡精少许，淀粉少许

🍳 做法
1. 花生仁、薏米洗净泡水2小时，煮1小时；栗子汆烫去皮；莲子洗净去心；干银耳、白果洗净泡发；红豆泡水5小时后煮2小时。
2. 鸡肉片洗净，用淀粉拌匀，以滚水汆烫一下即捞出备用。
3. 取一深锅，加入12杯水，以大火煮开后转小火，加入洗净的大米及做法1的所有材料煮开，再煮50分钟，加入鸡肉片煮10分钟，加入其余调料拌匀即可。

银耳瘦肉粥

材料
米饭3杯,干银耳25克,红苹果约400克,猪瘦肉300克,水6杯,枸杞子12粒

调料
盐少许,鸡精少许,淀粉少许

做法
1. 干银耳洗净,泡发后,撒成小朵;红苹果洗净,去籽,切成16瓣;猪瘦肉洗净,切成约1厘米的厚片,再用少许淀粉拌匀备用。
2. 取一深锅,加入6杯水和3杯米饭,以小火慢慢煮开,放入银耳及红苹果续煮15分钟,再加入猪瘦肉及枸杞子继续煮10分钟后,加入其余调料拌匀即可。

松子鸡蓉粥

材料
大米80克,水600毫升,鸡胸肉120克,松子50克,胡萝卜60克,姜末10克,葱花10克,碎油条20克

调料
盐1/2小匙,白胡椒粉1/6小匙,香油1小匙

做法
1. 鸡胸肉洗净剁碎;胡萝卜洗净切小丁备用。
2. 大米洗净后与水放入内锅中,续放入胡萝卜及姜末。
3. 将内锅放入电饭锅中,外锅加入2杯水,按下开关,煮约30分钟后,打开锅盖,放入鸡肉碎和松子拌匀,再盖上锅盖续煮。
4. 煮至开关跳起,打开锅盖,加入调料拌匀后,盛入碗中,撒上葱花和碎油条即可。

火锅粥底

材料
米饭　　　　400克
猪大骨　　　2根
水　　　　　2600毫升
香菜　　　　适量
综合火锅料　1盘
水　　　　　100毫升

调料
盐　　　　　1小匙
鸡精　　　　1小匙

做法

1. 将米饭放入大碗中，加入约100毫升的水，用大汤匙将有结块的米饭压散，备用。

2. 猪大骨剁小段，用滚水汆烫约1分钟后捞起，洗净、沥干，备用。

3. 取一锅，放入猪大骨，再加入2600毫升的水，用大火煮滚后转小火，续煮约20分钟，并捞去浮沫。

4. 于大骨汤中加入米饭，继续用小火煮约20分钟，待饭粒煮至软烂后取出大骨；接着用打蛋器不停搅拌，将饭粒打碎成糊状（无米粒状），最后加入调料拌匀，即为粥底。

5. 食用时将粥底装入锅中当成火锅汤底，亦可加入香菜增加风味，再依个人喜好搭配综合火锅料煮食，或涮肉片、煮海鲜亦佳。

香菇番薯叶粥

🌾 材料
大米80克，水600毫升，番薯叶150克，泡发香菇80克，猪肉馅50克，蒜酥15克，姜末20克

🥄 调料
盐1/2小匙，白胡椒粉1/6小匙，香油1小匙

🍲 做法
1. 番薯叶洗净切碎；泡发香菇切丝备用。
2. 大米洗净后与水放入内锅中，放入泡发香菇丝、蒜酥和姜末。
3. 将内锅放入电饭锅中，外锅加入2杯水，按下开关，煮约30分钟后，打开锅盖，放入猪肉馅和番薯叶拌匀，再盖上锅盖续煮。
4. 煮至开关跳起，打开锅盖，加入调料拌匀，盛入碗中即可。

椰香牛肉粥

🌾 材料
大米80克，水500毫升，椰浆100毫升，牛肉80克，洋葱60克，胡萝卜50克，姜末20克，葱花10克，碎油条20克

🥄 调料
盐1/2小匙，白胡椒粉1/6小匙，香油1小匙

🍲 做法
1. 牛肉洗净切片；洋葱洗净切碎；胡萝卜洗净切丁备用。
2. 大米洗净后与水放入内锅中，再放入洋葱碎、胡萝卜丁和姜末。
3. 将内锅放入电饭锅中，外锅加入2杯水，按下开关，煮约30分钟后，打开锅盖，放入牛肉片及椰浆拌匀，再盖上锅盖续煮。
4. 煮至开关跳起，打开锅盖，加入调料拌匀，盛入碗中，撒上葱花和碎油条即可。

三丝牛筋粥

材料
大米100克，牛筋50克，干香菇2克，圆白菜丝5克，胡萝卜丝10克，洋葱丝5克，葱段2克，黄芪10克

调料
牛高汤500毫升，白胡椒粉1/4小匙，料酒1大匙，盐1/4小匙

做法
1. 大米洗净沥干；牛筋切块，放入滚水中汆烫至熟，捞起沥干；干香菇泡水10分钟至软，再去蒂切丝备用。
2. 将大米、牛筋块、胡萝卜丝、香菇丝、圆白菜丝、洋葱丝、葱段、黄芪和所有调料一起放入内锅中。
3. 将内锅放进电饭锅中，外锅加入3杯水，盖上锅盖，按下开关煮至开关跳起即可。

红枣鸡心粥

材料
大米100克，鸡心50克，红枣20克，白果10克，韭菜末10克，碎油条10克

调料
鸡高汤500毫升，白胡椒粉1/4小匙，料酒1大匙，盐1/4小匙

做法
1. 大米、红枣、白果洗净沥干；鸡心放入滚水中汆烫至熟，捞起沥干备用。
2. 将全部材料（韭菜末、碎油条除外）和所有调料一起放入内锅中。
3. 将内锅放进电饭锅中，外锅加入2杯水，盖上锅盖，按下开关煮至开关跳起，最后放入韭菜末和碎油条即可。

香菇鸡翅粥

材料
大米100克，鸡中翅50克，干香菇20克，黄芪10克，上海青（烫熟）2克

调料
鸡高汤500毫升，白胡椒粉1/4小匙，料酒1大匙，蚝油1小匙

做法
1. 大米洗净沥干；鸡中翅放入滚水中氽烫至熟，捞起沥干；干香菇泡水约10分钟至软，捞起备用。
2. 将大米、鸡中翅、香菇、黄芪和所有调料一起放入内锅中。
3. 将内锅放进电饭锅中，外锅加入2杯水，盖上锅盖，按下开关煮至开关跳起。
4. 放入烫熟的上海青即可。

南瓜瘦肉粥

材料
大米40克，五谷米40克，猪肉馅30克，南瓜（去皮）20克，西红柿10克，黑木耳片5克，甜豆荚（烫熟）2克

调料
鸡高汤500毫升，白胡椒粉1/4小匙，料酒1大匙，盐1/4小匙

做法
1. 大米、五谷米洗净沥干；南瓜、西红柿切块备用。
2. 将大米、五谷米、南瓜、西红柿、猪肉馅、黑木耳片和所有调料一起放入内锅中。
3. 将内锅放进电饭锅中，外锅加入2杯水，盖上锅盖，按下开关煮至开关跳起，放入烫熟的甜豆荚装饰即可。

蒜香羊肉粥

材料

大米100克，羊肉片50克，蒜（炸过）20克，姜丝（炸过）2克，蒜苗丝2克

调料

鸡高汤500毫升，白胡椒粉1/4小匙，料酒1大匙，盐1/4小匙

做法

1. 大米洗净沥干；羊肉片放入滚水中汆烫至熟，沥干捞起备用。
2. 将大米、羊肉片、蒜、姜丝和所有调料一起放入内锅中。
3. 将内锅放进电饭锅中，外锅加入2杯水，盖上锅盖，按下开关煮至开关跳起，撒上蒜苗丝即可。

芝士奶香玉米粥

材料

大米80克，水600毫升，玉米酱200克，火腿40克，胡萝卜40克，洋葱40克，姜末20克，芝士粉30克

调料

奶粉2大匙，盐1/2小匙，白胡椒粉1/4小匙

做法

1. 火腿切小片；胡萝卜和洋葱洗净切丁。
2. 大米洗净后与水、玉米酱、胡萝卜丁、洋葱丁放入内锅中，盖上电子锅盖，按下开关选择"煮粥"功能后，按"开始"键开始。
3. 煮约30分钟后打开电子锅盖，放入姜末、火腿片拌开，再盖上锅盖续煮。
4. 煮至开关跳起，打开电子锅盖，加入所有调料和芝士粉拌匀后，盛入碗中即可。

咸蛋粥

材料
大米80克，水600毫升，猪肉馅80克，熟咸蛋3个，姜末20克，葱花20克，碎油条20克

调料
白胡椒粉1/4小匙，香油2小匙

做法
① 熟咸蛋去壳后，切碎备用。
② 大米洗净后与水放入内锅中，盖上锅盖，按下开关选择"煮粥"功能后，按"开始"键开始。
③ 煮约30分钟后打开电子锅盖，放入姜末和猪肉馅拌开，盖上电子锅盖续煮。
④ 煮至开关跳起后，打开电子锅盖，加入所有调料和咸蛋碎拌匀，盛入碗中，撒上葱花和碎油条即可。

豆芽猪蹄粥

材料
大米100克，猪蹄100克，大豆芽20克，枸杞子20克，人参须10克

调料
鸡高汤500毫升，白胡椒粉1/4小匙，料酒1大匙

做法
① 大米洗净沥干；猪蹄切块，放入滚水中烫熟，沥干捞起。
② 将大米、猪蹄、枸杞子、人参须和所有的调料放入内锅中，盖上电子锅盖，按下开关选择"煮粥"功能后，按"开始"键开始。
③ 煮至开关跳起后，打开电子锅盖，最后放入大豆芽焖1分钟即可。

鹌鹑皮蛋猪肉白菜粥

📋做法

① 大米洗净沥干；猪肉片放入滚水中汆烫至熟，捞起沥干备用；鹌鹑皮蛋对切。

② 将大米、猪肉片和所有的调料放入内锅中，盖上电子锅盖，按下开关选择"煮粥"功能后，按"开始"键开始。

③ 煮至开关跳起后，打开电子锅盖，放入小白菜丝焖1分钟后盛入碗中，放入鹌鹑皮蛋，撒上蒜酥即可。

白菜肉丸粥

材料
大米100克，猪肉馅60克，胡萝卜丝2克，香菇丝5克，圆白菜丝20克，葱花少许

调料
鸡高汤500毫升，白胡椒粉1/4小匙，料酒1大匙

腌料
淀粉1大匙，料酒1小匙，白胡椒粉1/4小匙，酱油1/2小匙，面粉1/2大匙

做法
1. 大米洗净沥干；猪肉馅加入所有腌料腌渍约10分钟后，捏成小肉丸备用。
2. 将圆白菜之外的所有材料和全部调料放入内锅中，盖上电子锅盖，按下开关选择"煮粥"功能后，按"开始"键开始。
3. 至开关跳起后，放入圆白菜丝焖1分钟，盛入碗中，撒上葱花即可。

猪肚粥

材料
大米100克，猪肚50克，姜片20克，油葱酥2克，青豆仁10克

调料
鸡高汤500毫升，白胡椒粉1/4小匙，料酒1大匙

做法
1. 大米洗净沥干；猪肚切片，放入滚水中余烫至熟，捞起沥干备用。
2. 将大米、猪肚片、油葱酥、姜片和所有的调料放入内锅中，盖上电子锅盖，按下开关选择"煮粥"功能后，按"开始"键开始。
3. 煮至开关跳起后，打开电子锅盖，最后放入青豆仁焖1分钟即可。

鸡爪虾米香菇粥

材料

大米	100克
乌鸡鸡爪	50克
干香菇	20克
虾米	5克
当归	2克
葱丝	1克

调料

鸡高汤	500毫升
白胡椒粉	1/4小匙
料酒	1大匙

做法

1. 大米和虾米洗净沥干；乌鸡鸡爪去趾甲，放入滚水中汆烫至熟，捞起沥干；干香菇泡水约10分钟至软，捞起沥干备用。

2. 将大米、虾米、鸡爪、香菇、当归和所有调料放入内锅中，盖上电子锅盖，按下开关选择"煮粥"功能后，按"开始"键开始，煮至开关跳起，撒上葱丝装饰即可。

PART 3

甜粥篇

无论任何季节或任何时段，无论是凉的或热的，甜粥都是这么可口好吃。特别是喜好养生的爱美女性，想养颜美容，又想健康养生，甜粥是不可错过的选择之一。

紫米粥

🌾 材料
紫米100克，大米100克，圆糯米20克，水2700毫升

🍶 调料
冰糖130克，牛奶适量

📋 做法
1. 紫米洗净，放入大碗中，加入约300毫升水浸泡约6小时备用。
2. 大米和圆糯米一起洗净并沥干水分备用。
3. 将紫米连浸泡的水一起放入锅中，再倒入大米、圆糯米和2400毫升水拌匀，以中火煮至滚开后改小火熬煮约40分钟至熟软，加入冰糖调味。
4. 食用前可淋上少许牛奶增添风味。

花生甜粥

🌾 材料
花生仁200克，小薏米100克，红枣12颗，水1500毫升

🍶 调料
细砂糖100克

📋 做法
1. 花生仁洗净沥干水分，泡入冷水中浸泡约5小时后捞出沥干备用。
2. 红枣洗净泡入冷水中备用；小薏米洗净，沥干水分备用。
3. 取一深锅，加入水和花生仁，以大火煮至滚沸后转至小火，盖上锅盖煮约30分钟，再加入小薏米和红枣煮约20分钟，倒入细砂糖搅拌至细砂糖溶化即可。

桂圆燕麦粥

材料
燕麦100克，糯米20克，大米100克，桂圆肉40克，水2500毫升

调料
冰糖120克，料酒少许

做法
❶ 燕麦洗净，泡水约3小时后沥干水分备用。

❷ 糯米和大米一起洗净沥干水分备用。

❸ 将燕麦、糯米、大米放入汤锅中，加入水开中火煮至滚沸，稍微搅拌后改转小火加盖熬煮约15分钟，再加入桂圆肉及调料煮至再次滚沸即可。

大厨小叮咛 加入少量的料酒可以增加桂圆的香气，因为分量很少，煮过以后酒精会挥发掉，所以不用担心吃起来会有酒味。

百合莲子粥

材料
新鲜莲子200克，新鲜百合200克，红豆100克，圆糯米1/2杯，水12杯

调料
冰糖100克

做法
❶ 莲子洗净去心；百合洗净；红豆用冷水浸泡5小时后，以盖过红豆的水量用电饭锅蒸2小时备用。

❷ 圆糯米以冷水浸泡2小时后沥干水备用。

❸ 取一深锅，加入12杯的水以大火煮开后转小火，加圆糯米煮40分钟，再加入莲子、红豆续煮10分钟，加百合煮10分钟，最后加冰糖调味即可。

菊花养生粥

🌱 材料

圆糯米	1杯
干燥黄菊花	37克
水	12杯

🧂 调料

冰糖	75克

📋 做法

❶ 取一深锅，加入12杯水，以大火煮开，转小火后放入黄菊花煮15分钟，捞掉黄菊花。

❷ 将洗净的圆糯米加入菊花水中，继续煮50分钟后，加冰糖调味即可。

> **大厨小叮咛**
>
> 菊花，在中药材中算是便宜又家常的好药材，具有降压、降脂、调节自主神经失调的功效，尤其对皮肤炎症也有不错的疗效。所以一般爱美的上班族女性，多会搭配枸杞子，冲一杯清香四溢的枸杞菊花茶，天天饮用，既养生又美容。

百合白果粥

材料

米饭300克，新鲜百合30克，白果40克，枸杞子10克，水750毫升

调料

冰糖60克

做法

1. 新鲜百合剥成片状，和枸杞子一起洗净备用。
2. 汤锅中倒入水以中火煮至滚沸，放入米饭改转小火拌煮至颗粒散开，加入新鲜百合、枸杞子和白果续煮至再次滚沸，最后加入冰糖调味即可。

川贝梨粥

材料

川贝母37克，梨3个（约600克），水12杯，圆糯米1/2杯

调料

冰糖75克

做法

1. 川贝母以冷水浸泡1小时后取出；圆糯米以冷水浸泡1小时后沥干水备用。
2. 梨洗净，削去外皮、剖开去心，切片备用。
3. 取一深锅，加12杯水，以大火煮开，加入川贝母及圆糯米，转小火煮开后继续煮40分钟，加入梨一起煮20分钟，用冰糖调味即可。

山药甜粥

材料
米饭300克，山药50克，紫山药50克，水800毫升

调料
冰糖70克

做法
1. 两种山药均去皮、洗净后切丁备用。
2. 汤锅中倒入水以中火煮至滚开，放入山药丁煮至再次滚沸，再加入米饭改小火拌煮至稍微浓稠，最后加入冰糖调味即可。

枸杞子甜粥

材料
米饭300克，枸杞子15克，水700毫升

调料
冰糖50克

做法
1. 枸杞子洗净，沥干水分备用。
2. 汤锅中倒入水以中火煮至滚开，放入米饭改小火拌煮至稍微浓稠，再加入枸杞子煮至再次滚开，最后加入冰糖调味即可。

红糖小米粥

🌱 材料
小米150克，燕麦片60克，枸杞子少许，水2000毫升

🧂 调料
红糖120克

🍲 做法
❶ 小米洗净沥干水分，泡入冷水中浸泡约1小时后捞出沥干备用。

❷ 燕麦片洗净沥干水分；枸杞子洗净沥干水分，备用。

❸ 取一深锅，加入水和小米，以大火煮至滚沸后转至小火煮约10分钟，再加入燕麦片煮约10分钟，加入红糖和枸杞子拌煮约2分钟即可。

南瓜粥

🌱 材料
米饭300克，南瓜200克，水700毫升，南瓜子适量，葵瓜子适量

🧂 调料
冰糖35克

🍲 做法
❶ 南瓜洗净，去皮后切小片，放入果汁机中加入400毫升水搅打成南瓜汁备用。

❷ 汤锅中倒入300毫升水以中火煮至滚开，放入南瓜汁再次煮至滚开，加入米饭改小火拌煮至稍微浓稠，最后加入冰糖调味，食用时撒上适量南瓜子和葵瓜子即可。

红豆薏米粥

🖐 材料

白薏米	40克
红薏米	40克
红豆	120克
大米	30克
水	2500毫升

🍶 调料

冰糖	120克

📋 做法

① 白薏米、红薏米和红豆一起洗净，泡水约6小时后沥干水分备用。

② 大米洗净，沥干水分备用。

③ 汤锅中倒入水，以中火煮至滚开，放入白薏米、红薏米和红豆再次煮至滚开，改小火加盖焖煮约30分钟；再加入大米拌匀煮滚，拌煮至米粒熟透且稍微浓稠，最后加入冰糖调味即可。

> **大厨小叮咛**
>
> 红薏米就是指糙薏米，是只脱去外壳，保留了膜的薏米，因为膜略带红色，所以又称为红薏米，营养价值更高，泡水的时间长些才能煮出好吃的薏米甜粥。

麦芽粥

材料
麦芽200克，糯米1/2杯，水12杯，桂圆1粒

调料
冰糖100克

做法
❶ 麦芽、糯米以冷水浸泡1小时后，沥干水备用。
❷ 取一深锅，加12杯水，以大火煮开后转小
   火，加入麦芽、糯米、桂圆续煮50分钟，
   最后加入冰糖调味即可。

大厨小叮咛　　麦芽是大麦的成熟果实经发芽干
燥而成，含丰富的B族维生素、维生
素C、卵磷脂、糊精、大麦芽碱等丰
富的营养成分，有健胃、消食、助
消化等功效，对妇女回乳有辅助食
疗效果。

十谷米粥

材料
十谷米150克，大米50克，水2000毫升

调料
红糖20克，细砂糖100克

做法
❶ 十谷米洗净，泡水约6小时后沥干水分备用。
❷ 大米洗净并沥干水分备用。
❸ 将十谷米、大米一起放入砂锅中，倒入水
   拌匀，以中火煮至滚开后改转小火加盖熬
   煮约30分钟至熟软，熄火继续焖约5分钟，
   最后加入调料调味即可。

雪莲子红枣粥

🌾 材料

大米100克，雪莲子50克，红枣12粒，水1200毫升

🥄 调料

冰糖70克

🍲 做法

❶ 雪莲子洗净，泡水约6小时后沥干水分备用。

❷ 大米、红枣一起洗净并沥干水分备用。

❸ 汤锅中倒入水和雪莲子、大米、红枣，以中火煮至滚开，改小火加盖焖煮约15分钟，最后加入冰糖调味即可。

橘饼甜粥

🌾 材料

米饭300克，橘饼40克，冬瓜糖30克，水800毫升

🥄 调料

冰糖少许

🍲 做法

❶ 橘饼、冬瓜糖切小丁备用。

❷ 汤锅中倒入水以中火煮至滚开，放入米饭改小火拌煮至再次滚开，再加入橘饼、冬瓜糖煮至稍微浓稠，最后加入冰糖调味即可。

荷叶消暑粥

材料

干荷叶	1/2张
糯米	1/2杯
黄豆	37克
绿豆	37克
花生仁	75克
带皮冬瓜	150克
红豆	37克
水	12杯

调料

冰糖	75克

做法

1. 干荷叶洗净浸泡；糯米洗净提前泡发；黄豆洗净；带皮冬瓜洗净，切片备用。

2. 绿豆洗净，以冷水浸泡5小时后沥干；花生仁洗净，放入电饭锅蒸2小时后取出；红豆洗净，以冷水浸泡5小后放入电饭锅蒸2小时取出备用。

3. 取一深锅，加12杯水，以大火煮开后转小火，加荷叶、糯米、黄豆、绿豆、花生、红豆继续煮30分钟，再加冬瓜片煮30分钟后，加入冰糖调味即可。

山楂粥

🌱 材料
圆糯米1杯，山楂200克，水12杯

🍶 调料
冰糖100克

🍲 做法
① 圆糯米以冷水浸泡2小时后沥干水分；山楂洗净备用。
② 取一深锅，加入12杯水以大火煮开后，放入山楂边搅边煮15分钟后捞起，再加入圆糯米继续煮1小时，最后加入冰糖调味即可。

白果腐竹粥

🌱 材料
圆糯米1/2杯，干腐竹2张，新鲜白果220克，鸡蛋1个，水14杯

🍶 调料
冰糖75克

🍲 做法
① 圆糯米以冷水浸泡1小时后沥干；干腐竹提前泡发；白果洗净备用。
② 取一深锅，加14杯水，以大火煮开后转小火，加圆糯米、腐竹、白果继续煮50分钟后，打入鸡蛋，加冰糖调味即可。

大厨小叮咛
　　腐竹，含有多种氨基酸、糖类、钙等营养成分，无论凉拌、热炒、煨汤均不失其味道鲜美、清素爽口的风味。

八宝粥

材料

糙米	50克
大米	50克
圆糯米	20克
红豆	50克
薏米	50克
花生仁	50克
桂圆肉	50克
花豆	40克
雪莲子	40克
莲子	40克
绿豆	40克

调料

冰糖	50克
二细砂糖	80克
绍兴酒	20毫升

做法

❶ 将糙米、花豆、薏米、花生仁、雪莲子一起洗净，泡水至少5小时后沥干；红豆另外洗净，以淹没豆子的水量浸泡至少5小时后沥干，浸泡水留下，备用。

❷ 将大米、圆糯米、绿豆、莲子一起洗净沥干备用。

❸ 将做法1中处理好的材料连同泡红豆水和做法2的材料一起放入电饭锅内锅中，加入1600毫升水和绍兴酒拌匀，外锅加入2杯水，按下开关，煮至开关跳起，续焖约10分钟。

❹ 桂圆肉洗净沥干水分，放入粥中拌匀，外锅再加入1/2杯水，按下开关，煮至开关跳起，续焖约5分钟，最后加入冰糖和二细砂糖拌匀即可。

燕麦甜粥

🌱 **材料**
燕麦片150克，葡萄干30克，蔓越莓丁30克，水1500毫升

🥄 **调料**
冰糖80克

📋 **做法**
1. 葡萄干、蔓越莓丁一起洗净，沥干水分备用。
2. 燕麦片洗净，沥干水分备用。
3. 将燕麦片放入电饭锅内锅中，加入水拌匀，外锅加入1杯水，按下开关，煮至开关跳起，继续焖约5分钟，最后加入葡萄干、蔓越莓丁和冰糖拌匀即可。

大厨小叮咛 现成的水果干就是煮甜粥的好材料，口感还会比新鲜水果要好，不会因为受热过于软化，口感适中且富有水果的天然甜味。

红豆荞麦粥

🌱 **材料**
荞麦80克，大米50克，红豆100克，水2500毫升

🥄 **调料**
二细砂糖120克

📋 **做法**
1. 荞麦洗净，泡水约3小时后沥干水分备用。
2. 红豆洗净，泡水约6小时后沥干水分备用。
3. 大米洗净并沥干水分备用。
4. 将荞麦、红豆放入电饭锅内锅中，加入水拌匀，外锅加入1杯水，按下开关，煮至开关跳起，继续焖约5分钟；再加入大米拌匀，外锅再次加入1杯水，按下开关，煮至开关跳起，再焖约5分钟，加入二细砂糖拌匀即可。

桂圆紫米粥

🖐 材料
紫米80克，大米70克，桂圆肉50克，水1500毫升

🖐 调料
红糖10克，冰糖50克，料酒少许

🍴 做法
❶ 紫米洗净，泡水约6小时后沥干水分备用。

❷ 大米洗净并沥干水分备用。

❸ 桂圆肉以冷开水洗净并沥干水分备用。

❹ 将紫米、大米放入电饭锅内锅中，加入水和料酒拌匀，外锅加入1杯水，按下开关，煮至开关跳起，继续焖约5分钟，最后加入桂圆肉、红糖和冰糖拌匀即可。

> **大厨小叮咛** 紫米粥的口感比较黏稠，所以适合搭配味道浓郁的材料，例如桂圆肉、红糖都能增添香浓的风味，不过分量不能太多，否则会过于甜腻。

银耳莲子粥

🖐 材料
大米100克，莲子40克，干银耳10克，枸杞子5克，水1200毫升

🖐 调料
冰糖70克

🍴 做法
❶ 干银耳洗净，泡水约30分钟后沥干水分，撕成小朵备用。

❷ 莲子和大米一起洗净沥干水分；枸杞子另外洗净沥干，备用。

❸ 将莲子、银耳放入电饭锅内锅中，加入水拌匀，外锅加入1杯水，按下开关，煮至开关跳起，继续焖约5分钟；再加入大米拌匀，外锅再次加入1杯水，按下开关，煮至开关跳起，再焖约5分钟，加入枸杞子和冰糖拌匀即可。

桂花红枣粥

材料
大米40克，圆糯米50克，去核红枣50克，桂圆肉20克，水800毫升

调料
细砂糖100克，桂花酱适量

做法
1. 去核红枣切片备用；圆糯米提前浸泡2～3小时。
2. 大米及圆糯米洗净后与水放入内锅中，再放入红枣片和桂圆肉。
3. 将内锅放入电饭锅中，外锅加入2杯水，按下开关煮至开关跳起。
4. 打开锅盖，加入细砂糖及桂花酱拌匀即可。

芋泥紫米粥

材料
紫米、大米各100克，芋头200克，水2000毫升

调料
冰糖120克，细砂糖少许

做法
1. 紫米洗净，泡水约6小时后沥干水分备用。
2. 大米洗净并沥干水分备用。
3. 汤锅中倒入水和紫米、大米以中火拌煮至滚开，改小火加盖焖煮约25分钟，最后加入冰糖调味。
4. 芋头洗净，去皮后切片，放入电饭锅内锅中，外锅加入1杯水，按下开关，煮至开关跳起，取出趁热压成泥状并加入少许细砂糖调味，以汤匙挖取适量，搓成圆球状备用。
5. 将紫米粥盛入碗中，再放入一个芋泥球，食用时稍微搅拌均匀即可。

苹果黑枣粥

🌾 **材料**
大米40克，圆糯米50克，水800毫升，黑枣60克，苹果2个

🥄 **调料**
细砂糖100克

📋 **做法**
1. 苹果去皮、去籽后，切丁备用；圆糯米提前浸泡2小时。
2. 大米及圆糯米洗净后与水放入内锅中，再放入黑枣和苹果丁。
3. 将内锅放入电饭锅中，外锅加入2杯水，按下开关煮至开关跳起。
4. 打开锅盖，加入细砂糖拌匀即可。

绿豆小薏米粥

🌾 **材料**
大米50克，绿豆100克，小薏米80克，水1500毫升

🥄 **调料**
细砂糖120克

📋 **做法**
1. 绿豆和小薏米一起洗净，泡水约2小时后沥干水分备用。
2. 大米洗净沥干水分备用。
3. 将绿豆、小薏米、大米放入电饭锅内锅中，加入水拌匀，外锅加入1杯水，按下开关，煮至开关跳起，继续焖约10分钟，最后加入细砂糖调味即可。

花生仁粥

材料
大米150克，圆糯米20克，花生仁100克，奶粉10克，水1850毫升

调料
细砂糖130克

做法
1. 花生仁洗净，泡水约4小时后沥干水分，放入冰箱中冷冻一个晚上备用。
2. 大米、圆糯米一起洗净并沥干水分备用。
3. 将花生仁放入电饭锅内锅中，加入水拌匀，外锅加入2杯水，按下开关，煮至开关跳起，继续焖约5分钟；再加入大米、圆糯米拌匀，外锅再次加入1杯水，按下开关，煮至开关跳起，再焖约5分钟，最后加入奶粉、细砂糖拌匀即可。

西洋梨银耳粥

材料
大米80克，西洋梨1个，干银耳20克，红枣2颗，水500毫升

调料
冰糖1大匙

做法
1. 西洋梨去皮，分切成8片；干银耳泡水约10分钟至软，捞起备用。
2. 将大米、西洋梨、干银耳、红枣和所有的调料放入内锅中，盖上电子锅盖，按下开关选择"煮粥"功能后，按"开始"键开始，煮至开关跳起即可。

柿干绿豆粥

材料
大米50克，绿豆50克，甜柿干1个，枸杞子5克，水500毫升

调料
冰糖1大匙

做法
1. 大米洗净沥干；甜柿干分切小块；绿豆泡水约30分钟，捞起备用。
2. 将大米、甜柿、绿豆、枸杞子和所有的调料放入内锅中，盖上电子锅盖，按下开关选择"煮粥"功能后，按"开始"键开始，煮至开关跳起即可。

蜜桃莲子粥

材料
大米80克，甜桃1个，莲子20克，蔓越莓干2克，熟核桃碎1克，水500毫升

调料
冰糖1大匙

做法
1. 大米洗净沥干；甜桃切片；莲子泡水约10分钟，捞起沥干备用。
2. 将大米、甜桃、莲子和所有的调料放入内锅中，盖上电子锅盖，按下开关选择"煮粥"功能后，按"开始"键开始，煮至开关跳起，撒上蔓越莓干和熟核桃碎即可。

椰浆紫米粥

🌾 材料

紫米	80克
菠萝蜜（罐头）	20克
亚答子（罐头）	30克
南姜	1/4小匙
干桂花	1/4小匙
椰糖	1大匙
水	400毫升

🥫 调料

椰浆	100毫升

📖 做法

❶ 紫米洗净泡水约30分钟，捞起沥干备用。

❷ 干桂花略泡水洗净，捞起沥干；南姜切末备用。

❸ 将紫米、菠萝蜜、亚答子、干桂花、南姜末、椰糖、水和所有的调料放入内锅中，盖上电子锅盖，按下开关选择"煮粥"功能后，按"开始"键开始，煮至开关跳起即可。

1 2-1 2-2 3-1 3-2

青苹果白果粥

材料
大米80克，青苹果1个，白果20克，桂圆肉5克，水500毫升

调料
冰糖1大匙

做法
❶ 大米和白果洗净沥干；青苹果洗净，去皮切小丁备用。

❷ 将大米、白果、青苹果、桂圆肉、水和所有的调料放入内锅中，盖上电子锅盖，按下开关选择"煮粥"功能后，按"开始"键开始，煮至开关跳起即可。

小米南瓜子粥

材料
小米50克，圆糯米50克，南瓜60克，南瓜子50克，水800毫升

调料
细砂糖150克

做法
❶ 南瓜去皮，切丁备用；圆糯米提前浸泡1小时备用。

❷ 小米及圆糯米洗净后与水、南瓜丁放入内锅中，盖上电子锅盖，按下开关选择"煮粥"功能后，按"开始"键开始。

❸ 煮至开关跳起后，打开锅盖，加入细砂糖拌匀，盛入碗中撒上南瓜子即可。

葡萄干番薯粥

材料
大米40克，圆糯米40克，红心番薯150克，葡萄干50克，水800毫升

调料
细砂糖150克

做法
1. 红心番薯去皮，切丁备用。
2. 大米及圆糯米洗净后与水、番薯丁、葡萄干放入内锅，盖上电子锅盖，按下开关选择"煮粥"功能后，按"开始"键开始。
3. 煮至开关跳起后，打开锅盖，加入细砂糖拌匀即可。

杏仁豆浆粥

材料
大米40克，圆糯米40克，水500毫升，豆浆300毫升，南杏仁50克，杏仁粉2大匙

调料
细砂糖150克

做法
1. 大米、圆糯米洗净，圆糯米提前泡发1小时，与水、南杏仁放入内锅中，盖上电子锅盖，按下开关选择"煮粥"功能后，按"开始"键开始。
2. 煮约10分钟后打开电子锅盖，加入豆浆和杏仁粉拌匀，再盖上电子锅盖续煮。
3. 煮至开关跳起后，打开电子锅盖，加入细砂糖拌匀即可。

PART 4

饺子篇

舒服不过躺着，好吃不过饺子。对于爱饺子的人来说，世间美味莫过于此，饺子不仅可以包罗各种食材，做法也多种多样，煮、蒸、煎、炸，各有不同风味。

制作饺子皮

冷水面团饺子皮

🖐 材料
中筋面粉　600克
盐　　　　4克
水　　　　300毫升

　　　冷水面团较适合做水饺皮与蒸饺皮。面团要以湿布或是保鲜膜完整地包覆好，俗称"醒面"，以免面团干硬。

📋 做法
1. 准备一盆，将面粉放入盆中，再加入盐，搅拌均匀，再加入水，仔细搓揉。
2. 待面粉表面呈现光滑并成团后，用干净的湿布将面团仔细包好并静置约10分钟，再将面团搓揉约1分钟。
3. 将搓揉好的面团切成2大块面团后，搓揉成细长的条状，再揪出每个10克的小面团。
4. 洒上适量的面粉后，将面团以手掌轻压成扁圆状，以擀面棍擀至面团的中心点后，再将擀面棍拉回。
5. 重复地将面团擀成扁圆形，并中间有微凸起状即可。

温水面团饺子皮

🖐 材料
中筋面粉　600克
盐　　　　4克
水　　　　320毫升

　　　温水面团较适合做煎饺皮与锅贴皮。

📋 做法
1. 将水倒入锅中煮至60～70℃后，备用。取一盆，将面粉放入盆中加入盐、温水后，仔细搓揉。
2. 待面团表面呈现光滑并成团后，用干净的湿布将面团包好并静置约10分钟，再搓揉约1分钟。
3. 再将面团切成2块面团，皆搓揉成细长条状后，捏出各10克的小面团，再撒上适量的面粉，将小面团以手掌轻压成圆扁状。
4. 取一小面团，以擀面棍擀至面团的中心点后，再将擀面棍拉回，将面团擀成扁圆形，中间有微凸起状即可。

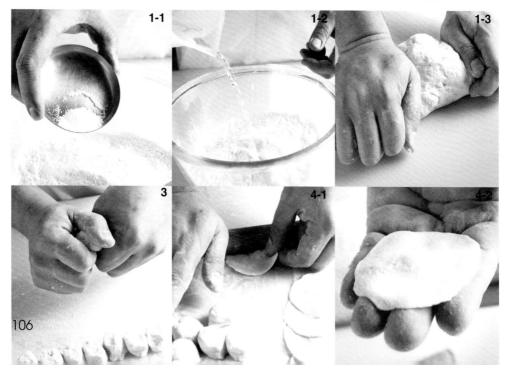

胡萝卜皮   墨黑皮   澄粉皮   菠菜皮

胡萝卜皮

材料

中筋面粉600克，盐4克，胡萝卜汁300毫升

做法

❶ 将面粉放入盆中，加入盐与胡萝卜汁后，仔细搓揉成面团。

❷ 待面团表面光滑后，用干净的湿布将面团包好并静置约10分钟，再搓揉约1分钟。

❸ 再将面团切成2块面团，皆搓揉成细长条状后，捏出各10克的小面团，再撒上适量的面粉，将小面团以手掌轻压成扁圆状。

❹ 取一小面团，以擀面棍擀至面团的中心点后，再将擀面棍拉回，重复地将面团擀成圆片状，中间有微凸起状即可。

墨黑皮

材料

中筋面粉600克，盐4克，墨鱼粉5克，水320毫升

做法

❶ 将面粉放入盆中，加入盐、墨鱼粉与水后，仔细搓揉至表面呈现光滑并成团后，用干净的湿布将面团包好静置约10分钟，再搓揉约1分钟。

❷ 将面团切成2块面团，皆搓揉成细长的面团，捏制出每个各10克的小面团后，撒上适量的面粉，将面团以手掌轻压成扁圆状。

❸ 取一小面团，以擀面棍擀至面团的中心点后，再将擀面棍拉回，重复地将面团擀成圆片状，中间有微凸起状即可。

澄粉皮

材料

澄粉600克，淀粉50克，盐4克，沸水420毫升

做法

❶ 将澄粉、淀粉一起放入盆中，加入盐后拌匀，倒入沸水一边冲一边搅拌均匀后，取出用手揉匀。

❷ 将面团切成2块面团，皆搓揉成长条状后，捏制出各10克的小面团，再撒上适量的面粉后，将面团以手掌轻压成圆扁状。

❸ 取一小面团，以擀面棍擀至面团的中心点后，再将擀面棍拉回，重复地将面团擀成圆片状，中间有微凸起状即可。

菠菜皮

材料

中筋面粉600克，盐4克，菠菜叶130克，水250毫升

做法

❶ 菠菜叶洗净沥干水分后，用果汁机加水拌打约1分钟成汁后，过滤掉渣，取约300毫升的菠菜汁，备用。

❷ 取一盆放入面粉，加入盐、菠菜汁，仔细地搓揉成面团。

❸ 待面团表面光滑后，用湿布将面团包好并静置约10分钟，再搓揉约1分钟后，切成2块面团，皆搓揉成长条状。

❹ 将细长面团捏出每个各10克的小面团，再洒上适量的面粉，以手掌轻压成扁圆状。

❺ 取一小面团，以擀面棍擀至面团的中心点后，再将擀面棍拉回，重复地将面团擀成圆片状，中间有微凸起状即可。

传统水饺的包法

大厨小叮咛

水饺皮和水饺馅的分量比例一般为2：3，例如每张水饺皮重10克，每份馅料的重量约为15克。可依个人的喜好略微调整。

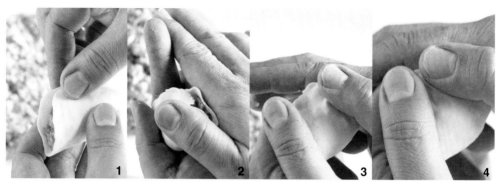

1 将拌好的馅料舀15克放到饺子皮上，再将面皮对折，把馅料包在面皮中间，并将中间捏合起来。

2 再以食指与拇指将水饺左右两边的面皮分别捏合起来。

3 待两边面皮都捏合起来后，再以两手的食指与拇指中间的地方按压住两边面皮，使面皮更黏合。

4 再将两手的食指前后交叉并利用拇指的力量，将面皮往前集中并往下挤压，此时包住馅料的地方会呈饱满状，即呈水饺形状。

怎么做水饺最好吃

水饺皮

技巧1：醒面时，要使用湿布完整包覆住面团，避免水分散失，保持面团弹性。

技巧2：擀皮时，一定要擀成中间厚、边缘薄的形状，饺子封口处就不会太厚，包馅的地方也比较不容易破皮。

技巧3：包水饺时，若使用市售水饺皮，必须在面皮封口处抹水，再用力压紧，煮时较不会裂开。

技巧4：煮水饺时，水完全滚沸才下水饺，轻轻搅动避免粘锅，即转小火煮至表面略膨胀，即可起锅。

技巧5：起锅前在水中滴几滴香油，盛盘后就不会互相粘黏了。

水饺馅

技巧1：水分多的食材要先依特性做脱水处理，才不会做出软乎乎的馅料。

技巧2：不易熟或较硬的食材应先蒸熟或炸熟，煮好后馅就不会半生不熟。

技巧3：油脂含量少的鸡肉和海鲜，可加入少许猪肉馅混合，使馅料口感滑嫩、不干涩。

技巧4：肉馅类的馅料一定要先加少许盐，搅拌至有弹性，再分2次加入少许水拌至水分完全吸收，馅料才会润滑多汁。

技巧5：腥味重的肉类和海鲜馅，可加姜和少许料酒去腥。

怎样煮水饺

❶ 取锅，加水，煮沸，然后放入生水饺。

❷ 以汤匙略搅拌，以防生水饺粘锅。

❸ 改转小火煮约3分钟。

❹ 水饺浮出水面，仍要继续开小火煮。

❺ 煮至水饺表面略鼓起，即可关火。

❻ 将煮好的水饺捞起。

自己做冷冻水饺

❶ 取一底部平坦的金属盘，均匀撒上少许面粉，防止水饺粘黏。

❷ 将包好的水饺整齐排放在平盘上。

❸ 将完成的水饺连盘子用塑料袋（或保鲜膜）密封，放入冷冻库冷冻。

❹ 取出水饺盘在桌上轻敲，让水饺完全脱离盘底，取出装入塑料袋，紧密封口，再放回冷冻库保存即可。

大厨小叮咛

（1）烹煮前不用先退冰，直接从冷冻库取出后即可下锅煮或煎。

（2）烹煮前，不论是保存或运送的过程中绝对不能退冰。

（3）冷冻时封口一定要紧密，以免水饺皮水分散失，造成表皮龟裂。

掌握食材特性就能做出美味的饺子馅

可以用来做饺子馅的食材非常多，但可别以为把任何食材切碎、混合，加上调料，就能做出好吃的饺子。只有懂得掌握各种食材的特性，才能因材施工，随意取用家中现有的食材，发挥创意，做出美味的饺子馅来！

加盐脱水

适用食材：圆白菜、白萝卜

容易出水，且质地紧密的叶菜或根茎类，可以先切碎后加入少许盐抓匀，腌渍5分钟，让水分释出，再挤干水分。

预先炸熟

适用食材：茄子

以茄子为例，本身不容易煮熟，炸过以后才有香气，颜色更好看，调料也更容易入味。

泡发

适用食材：冬粉、干黑木耳、干香菇

干货类的食材，需要预先泡在清水中胀发，使其软化，再另行切碎或切段，并和其他食材混合调味。

预先蒸熟

适用食材：番薯、芋头、土豆、南瓜

质地坚硬，且不容易煮熟的食材，在做成馅料前可先蒸熟，这样做出来的饺子才不会外皮已经熟了但内馅还是半生不熟。

汆烫后挤干水分

适用食材：白菜、丝瓜、豆芽菜、番薯叶、上海青、豆腐

容易出水，且质地柔软的叶菜或瓜果，可汆烫几秒后捞出，再挤干水分，如此做出来的馅料口感更佳。豆腐豆腥味重，汆烫过再压干水分，可去除大部分的豆腥味。

大厨小叮咛

带有辛香味的叶菜，如韭菜、韭黄、芹菜、葱等，为了保留其芳香气味，不适合加盐脱水或汆烫，直接切碎，最后再和调料一起加入馅料拌匀即可。

猪肉圆白菜水饺

材料
猪肉馅300克，圆白菜200克，姜8克，葱12克，水50毫升，饺子皮350克

调料
盐4克，鸡精4克，细砂糖3克，酱油10毫升，料酒10毫升，白胡椒粉1小匙，香油1大匙

做法
1. 圆白菜洗净、切丁，用1克的盐抓匀，腌渍约5分钟后挤去水分；姜切末；葱切碎，备用。
2. 猪肉馅放入钢盆中，加入剩余盐后搅拌至有黏性，再加入鸡精、细砂糖、酱油和料酒拌匀，将50毫升水分2次加入，一边加水一边搅拌至水分被肉充分吸收。
3. 最后加入圆白菜丁、葱碎、姜末、白胡椒粉及香油拌匀成馅。
4. 将馅料包入饺子皮即可。

韭菜水饺

材料
猪肉馅300克，韭菜250克，姜12克，饺子皮300克

调料
盐3小匙，鸡精1小匙，料酒1小匙，胡椒粉少许，香油少许

做法
1. 韭菜洗净沥干水分后切末；姜切末，加入1小匙盐抓匀至软备用。
2. 取一大容器放入猪肉馅、韭菜末、姜末及其余调料一起搅拌均匀，并轻轻摔打至有黏性，即成韭菜内馅。
3. 将馅料包入饺子皮即可。

韭黄水饺

材料

猪肉馅200克,韭黄150克,虾仁50克,蒜2瓣,饺子皮300克

调料

盐1小匙,鸡精1小匙,料酒少许,白胡椒粉少许,香油少许

做法

① 韭黄洗净沥干水分后切末;虾仁洗净后剁成泥状;蒜去皮,拍碎切末备用。

② 取一大容器放入猪肉馅、韭黄末、虾泥、蒜末和所有调料一起搅拌均匀,并轻轻摔打至有黏性,即成韭黄内馅。

③ 将馅料包入饺子皮即可。

鲜菇猪肉水饺

材料

猪肉馅300克,鲜香菇200克,姜末10克,葱花30克,饺子皮适量

调料

盐3.5克,鸡精4克,细砂糖4克,酱油10毫升,料酒10毫升,香油1大匙

做法

① 烧一锅滚沸的水,鲜香菇去蒂后放入锅中汆烫约5秒,捞出洗净、沥干切丁,再用手挤除水分,备用。

② 猪肉馅放入玻璃盆中,加入盐搅拌至有黏性,再加入鸡精、细砂糖、酱油以及料酒拌匀。

③ 再在盆中加入鲜香菇丁、葱花、姜末以及香油拌匀即为鲜菇猪肉馅。

④ 将馅料包入饺子皮即可。

丝瓜猪肉水饺

材料
丝瓜1条（约500克），猪肉馅300克，姜末8克，饺子皮适量

调料
盐3.5克，鸡精4克，细砂糖4克，酱油10毫升，料酒10毫升，香油1小匙

做法
1. 丝瓜去皮，挖除丝瓜中的籽囊，取剩下约250克的瓜肉切丁，备用。
2. 烧一锅滚沸的水，放入丝瓜丁汆烫约5秒，捞出冲洗沥干，再用手挤除水分，备用。
3. 猪肉馅放入钢盆中，加入盐搅拌至有黏性，再加入鸡精、细砂糖、酱油、料酒搅拌均匀。
4. 再于盆中加入丝瓜丁、姜末以及香油拌匀即为丝瓜猪肉馅。
5. 将馅料包入饺子皮即可。

冬瓜鲜肉水饺

材料
猪肉馅300克，冬瓜200克，姜末10克，葱花30克，饺子皮适量

调料
盐3.5克，鸡精4克，细砂糖4克，酱油10毫升，料酒10毫升，香油1大匙

做法
1. 烧一锅滚沸的水，冬瓜刨丝后放入锅中汆烫约30秒，捞出冲洗沥干，再用手挤去除水分，备用。
2. 猪肉馅放入钢盆中，加入盐搅拌至有黏性，再加入鸡精、细砂糖、酱油以及料酒拌匀。
3. 续于盆中加入冬瓜丝、葱花、姜末以及香油拌匀即为冬瓜鲜肉馅。
4. 将馅料包入饺子皮即可。

黄瓜猪肉水饺

🌿 材料

猪肉馅300克，黄瓜200克，姜8克，葱12克，水50毫升，饺子皮适量

🥣 调料

盐5克，鸡精4克，细砂糖4克，白胡椒粉1小匙，酱油10毫升，料酒10毫升，香油1大匙

🍴 做法

❶ 黄瓜去皮后切丝，加2克的盐抓匀腌渍约5分钟后，挤去水分；姜、葱切碎末，备用。

❷ 猪肉馅加入盐搅拌至有黏性后，加入鸡精、细砂糖、酱油及料酒拌匀备用。

❸ 将水分2次加入猪肉馅中，一边加水一边搅拌至水分被猪肉馅吸收，再加入黄瓜丝、姜末、葱末、白胡椒粉、香油拌匀即完成黄瓜猪肉馅。

❹ 将馅料包入饺子皮即可。

笋丝猪肉水饺

🌿 材料

猪肉馅300克，竹笋200克，姜8克，水50毫升，饺子皮适量

🥣 调料

盐3.5克，鸡精3克，细砂糖4克，酱油10毫升，料酒10毫升，白胡椒粉1/2小匙，红葱油1大匙，香油1/2大匙

🍴 做法

❶ 竹笋洗净切成丝；姜洗净切细末，备用。

❷ 将竹笋丝放入沸水中汆烫约5分钟后，取出以冷开水冲凉并挤干水分后备用。

❸ 猪肉馅加入盐搅拌至有黏性后，加入鸡精、细砂糖、酱油及料酒搅拌均匀备用。

❹ 将水分2次加入猪肉馅中，一边加水一边搅拌至水分被猪肉馅吸收，再加入姜末、竹笋丝、白胡椒粉、红葱油及香油拌匀即成笋丝猪肉馅。

❺ 将馅料包入饺子皮即可。

莲藕猪肉水饺

材料

猪肉馅300克，莲藕50克，姜末10克，葱花30克，饺子皮适量

调料

盐3.5克，鸡精4克，细砂糖4克，酱油10毫升，料酒10毫升，香油1大匙

做法

1. 烧一锅滚沸的水，莲藕洗净刮除表皮后切丁，将莲藕丁放入锅中汆烫约1分钟，捞出冲凉、沥干、剁成末，备用。
2. 猪肉馅放入钢盆中，加入盐搅拌至有黏性，再加入鸡精、细砂糖、酱油以及料酒拌匀。
3. 再于盆中加入莲藕末、姜末、葱花以及香油拌匀即为莲藕猪肉馅。
4. 将馅料包入饺子皮即可。

芥菜猪肉水饺

材料

猪肉馅300克，芥菜心200克，姜末10克，葱花30克，饺子皮适量

调料

盐3.5克，鸡精4克，细砂糖4克，酱油10毫升，料酒10毫升，香油1大匙

做法

1. 烧一锅滚沸的水，放入芥菜心汆烫约1分钟，捞出冲凉沥干切丁，再用手挤除水分，备用。
2. 猪肉馅放入钢盆中，加入盐搅拌至有黏性，再加入鸡精、细砂糖、酱油以及料酒拌匀。
3. 再于盆中加入芥菜丁、葱花、姜末以及香油搅拌均匀即为芥菜猪肉馅。
4. 将馅料包入饺子皮即可。

西红柿猪肉水饺

材料

猪肉馅	300克
西红柿	150克
姜末	8克
葱末	12克
水	50毫升
菠菜皮	适量

调料

盐	3.5克
鸡精	4克
细砂糖	4克
西红柿酱	1大匙
酱油	10毫升
料酒	10毫升
白胡椒粉	1/2小匙
香油	1大匙

做法

1. 将西红柿放入沸水中，煮约1分钟取出用冷开水冲凉，去皮去籽，略挤干水分切丁，备用。

2. 将猪肉馅加入盐搅拌至有黏性，加入鸡精、细砂糖、酱油及料酒拌匀备用。

3. 将水分2次加入猪肉馅中，一边加水一边搅拌至水分被肉馅吸收，再加入西红柿酱、姜末、葱末、西红柿丁、白胡椒粉、香油拌匀即成西红柿猪肉馅。

4. 将馅料包入菠菜皮即可。

116

南瓜猪肉水饺

🌱 **材料**

猪肉馅300克，南瓜200克，姜末8克，葱末12克，水50毫升，水饺皮适量

🥣 **调料**

盐3.5克，鸡精4克，细砂糖4克，酱油10毫升，料酒10毫升，白胡椒粉1/2小匙，香油1小匙

🍳 **做法**

❶ 南瓜洗净后，去皮并切短丝，备用。

❷ 将猪肉馅放入钢盆中加入盐，搅拌至有黏性，再加入鸡精、细砂糖及酱油、料酒拌匀，再将水分2次加入，一边加水一边搅拌至水分被肉馅吸收。

❸ 再加入南瓜丝、姜末、葱末及白胡椒粉、香油拌匀即成南瓜猪肉馅。

❹ 将馅料包入饺子皮即可。

白菜虾仁水饺

🌱 **材料**

大白菜400克，虾仁300克，姜末15克，葱花20克，饺子皮适量

🥣 **调料**

盐3.5克，鸡精4克，细砂糖3克，料酒15毫升，白胡椒粉1小匙，香油1大匙

🍳 **做法**

❶ 烧一锅滚沸的水，大白菜剖半去根部疙瘩，放入水中氽烫约20秒，取出冲凉沥干，切碎后用手挤除水分，备用。

❷ 虾仁洗净后用厨房纸巾擦干水分，用刀剁碎成小丁后放入钢盆，加入盐搅拌至有黏性。

❸ 再于盆中加入鸡精、细砂糖以及料酒拌匀，再加入大白菜碎、葱花、姜末、白胡椒粉以及香油拌匀即为白菜虾仁馅。

❹ 将馅料包入饺子皮即可。

鲜虾水饺

材料

鲜虾30只，虾仁200克，荸荠100克，葱末30克，洋葱末10克，水饺皮300克

调料

盐1小匙，料酒1大匙，细砂糖1小匙，白胡椒粉少许，淀粉少许，香油少许

做法

① 鲜虾去壳、去肠泥后洗净，加入料酒抓匀腌渍约10分钟备用。

② 虾仁以刀背拍碎；荸荠去皮剁碎备用。

③ 取一大容器放入虾仁末、荸荠末和其余材料及调料，一起搅拌均匀成虾仁内馅。

④ 取一片水饺皮，于中间部分放上适量已混合调匀的虾仁内馅，再放上一只腌好的鲜虾，将上下两边皮对折粘起，再于接口处依序折上花纹让其更加粘紧，重复此包法至材料用毕即可。

丝瓜虾仁水饺

材料

丝瓜250克，鲜虾仁150克，金针菇100克，蒜5克，饺子皮300克

调料

盐3小匙，细砂糖1小匙，白胡椒粉少许，淀粉少许，香油少许

做法

① 丝瓜去皮、去头尾后洗净，切开成4等份，并将内部白色籽囊去除，再分别切丝，加入1小匙盐抓匀腌渍约10分钟后挤干水分备用。

② 鲜虾仁洗净、切小丁；金针菇放入滚水中稍余烫后捞起，切小段；蒜切末备用。

③ 取一大容器，放入丝瓜丝、虾仁丁、金针菇段、蒜末及其余调料一起搅拌均匀即成丝瓜虾仁内馅。

④ 将馅料包入饺子皮即可。

全虾鲜肉水饺

📖 材料

猪肉馅	100克
葱	1棵
姜	10克
鲜虾	12只
饺子皮	12张

🧂 调料

盐	2小匙
细砂糖	1/2大匙
酱油	1/2大匙
香油	1/2大匙
料酒	1/3大匙
白胡椒粉	2小匙

📋 做法

1. 姜拍碎切成细末；葱切细末；鲜虾去头及壳留尾，洗净挑去肠泥后擦干，备用。
2. 猪肉馅加入姜末、葱末及所有调料，搅拌并抓捏摔打至变黏稠。
3. 取饺子皮包入适量调好的猪肉馅，再放上一只鲜虾，将虾尾超出水饺皮后包起来即可。

绿豆芽鸡肉水饺

材料
鸡腿肉350克，姜8克，葱12克，绿豆芽120克，水30毫升，饺子皮适量

调料
盐3.5克，鸡精4克，细砂糖3克，酱油10毫升，料酒10毫升，白胡椒粉1小匙，香油1大匙

做法
1. 姜、葱切碎末；绿豆芽放入沸水中汆烫约10秒后捞起，以冷开水冲凉后沥干水分，切小段，备用。
2. 鸡腿去除骨头后将肉剁碎，加入盐搅拌至有黏性，再加入鸡精、细砂糖、酱油及料酒拌匀后，将水分2次加入盆中，一边加水一边搅拌至水分被肉吸收。
3. 再加入绿豆芽段、葱末、姜末、白胡椒粉及香油拌匀即成绿豆芽鸡肉馅。

蘑菇鸡肉水饺

材料
鸡腿肉300克，蘑菇120克，姜末8克，葱花12克，饺子皮适量

调料
盐3.5克，鸡精4克，细砂糖3克，酱油10毫升，料酒10毫升，白胡椒粉1小匙，香油1大匙

做法
1. 烧一锅滚沸的水，放入蘑菇汆烫约10秒，捞出冲凉水后切丁，再用手挤除水分，备用。
2. 鸡腿肉剁碎放入钢盆中，加入盐后搅拌至有黏性，再加入鸡精、细砂糖、酱油、料酒拌匀。
3. 于盆中加入蘑菇丁、葱花、姜末、白胡椒粉及香油搅拌均匀即为蘑菇鸡肉馅。
4. 将馅料包入饺子皮即可。

辣味鸡肉水饺

材料
鸡胸肉250克，圆白菜末1/3杯，红辣椒末2大匙，葱花3大匙，饺子皮适量

调料
盐1大匙，细砂糖1/2大匙，辣椒油1/2大匙，香油1/3大匙，白胡椒粉1大匙

做法
1. 鸡胸肉洗净并剁成肉末备用。
2. 将鸡胸肉末、红辣椒末、圆白菜末、葱花一起搅拌均匀。
3. 将所有调料加入材料中搅拌直至馅料有黏稠感，即成辣味鸡肉馅。
4. 将馅料包入饺子皮即可。

佛手瓜鸡肉水饺

材料
鸡胸肉200克，佛手瓜200克，蒜末5克，饺子皮适量

调料
盐3小匙，鸡精1小匙，香油少许，料酒1大匙，白胡椒粉少许

做法
1. 鸡胸肉洗净去皮去骨，剁碎后加入1大匙料酒抓匀腌渍约10分钟备用；佛手瓜刨丝，加1小匙盐抓匀，腌渍10分钟，挤干水分备用。
2. 取一大容器放入准备好的鸡胸肉，加入蒜末及其余调料一起搅拌均匀，以保鲜膜覆盖后放入冰箱冷藏腌渍约20分钟。
3. 将鸡肉馅加入腌好的佛手瓜丝一起搅拌均匀，并轻轻摔打至有黏性即成佛手瓜鸡肉馅。
4. 将馅料包入饺子皮即可。

洋葱羊肉水饺

材料

羊肉250克，洋葱末150克，蒜2瓣（切末），饺子皮适量

调料

盐3小匙，细砂糖1小匙，白胡椒粉少许，肉桂粉1小匙

做法

1. 羊肉洗净剁成泥，加入肉桂粉抓匀，腌渍约15分钟备用。
2. 取一大容器放入洋葱末，加入1小匙盐拌匀，再放入腌好的羊肉、蒜末及其余调料一起搅拌均匀，并轻轻摔打至有黏性即成洋葱羊肉馅。
3. 将馅料包入饺子皮即可。

葱香牛肉水饺

材料

牛肉250克，猪肥肉30克，葱150克，蒜末10克，饺子皮适量

调料

盐1小匙，鸡精1小匙，料酒1大匙，白胡椒粉少许，香油少许

做法

1. 牛肉、猪肥肉分别剁碎；葱洗净沥干水分后切末，备用。
2. 取一大容器放入剁好的牛肉馅、盐、鸡精、料酒、白胡椒粉一起搅拌均匀，以保鲜膜覆盖后放入冰箱冷藏腌渍约20分钟。
3. 取出腌渍好的肉馅，放入肥肉末、葱末、蒜末、香油，一起搅拌均匀并摔打至肉馅呈现黏性即成葱香牛肉馅。
4. 将馅料包入饺子皮即可。

冬菜牛肉水饺

🌱 材料
牛肉馅600克，冬菜30克，水50毫升，蒜酥30克，芹菜末40克，葱花20克，姜末20克，饺子皮适量

🍶 调料
盐6克，细砂糖10克，酱油15毫升，绍兴酒20毫升，白胡椒粉1小匙，香油2大匙

🍴 做法
1. 冬菜洗净沥干后切碎；牛肉馅放入钢盆中，加入盐后搅拌至有黏性。
2. 在肉馅中加入细砂糖及酱油、绍兴酒拌匀后，将50毫升水分2次加入，一边加水一边搅拌至水分被肉吸收。
3. 续加入冬菜、蒜酥、芹菜末、葱花、姜末、白胡椒粉及香油拌匀即成。
4. 将馅料包入饺子皮即可。

青豆牛肉水饺

🌱 材料
牛肉馅500克，青豆仁100克，水50毫升，洋葱丁100克，姜末20克，饺子皮适量

🍶 调料
盐3.5克，鸡精4克，细砂糖3克，酱油10毫升，料酒10毫升，白胡椒粉1小匙，香油1大匙

🍴 做法
1. 青豆仁氽烫10秒后冲水沥干；牛肉馅放入钢盆中，加入盐后搅拌至有黏性。
2. 在肉馅中加入细砂糖及酱油、料酒拌匀后，将50毫升水分2次加入，一边加水一边搅拌至水分被肉馅吸收。
3. 续加入氽烫后的青豆仁、洋葱丁、姜末、白胡椒粉及香油拌匀即成。
4. 将馅料包入饺子皮即可。

香辣牛肉水饺

🥗 **材料**

牛肉馅600克，水50毫升，芹菜末50克，葱花30克，姜末30克，饺子皮适量

🥄 **调料**

盐4克，细砂糖10克，辣椒酱3大匙，料酒20毫升，花椒粉1小匙，香油2大匙

🍳 **做法**

❶ 牛肉馅放入钢盆中，加入盐后搅拌至有黏性，加入细砂糖、辣椒酱、料酒、花椒粉拌匀后，将50毫升水分2次加入，一边加水一边搅拌至水分被肉吸收。

❷ 最后加入芹菜末、葱花、姜末及香油拌匀即成香辣牛肉馅。

❸ 将馅料包入饺子皮即可。

西红柿牛肉水饺

🥗 **材料**

牛肉馅500克，西红柿400克，香菜末50克，葱花30克，姜末20克，菠菜皮适量

🥄 **调料**

盐4克，细砂糖20克，西红柿酱3大匙，料酒20毫升，黑胡椒粉1小匙，香油2大匙

🍳 **做法**

❶ 西红柿切开后将含水量较多的籽囊去除后切丁；牛肉馅放入钢盆中，加入盐后搅拌至有黏性。

❷ 将肉馅中加入细砂糖、西红柿酱和料酒拌匀。

❸ 最后加入西红柿丁、香菜末、葱花、姜末、黑胡椒粉及香油拌匀即成西红柿牛肉馅。

❹ 将馅料包入菠菜皮即可。

蔬菜素饺

材料

上海青200克，胡萝卜30克，香菇30克，芹菜20克，五香豆干150克，姜3片，饺子皮300克

调料

盐2小匙，香菇精1小匙，细砂糖1小匙，料酒1大匙，白胡椒粉少许，淀粉少许，香油少许

做法

1. 上海青洗净后汆烫约1分钟，捞起泡入冷水冰镇后，挤干切末备用。
2. 香菇泡软切末；五香豆干切细丁；胡萝卜、芹菜、姜均切末备用。
3. 取一大容器，放入上海青末、香菇末、豆干丁、胡萝卜、芹菜、姜末和所有调料一起搅拌均匀成蔬菜馅备用。
4. 将馅料包入饺子皮即可。

青豆玉米素饺

材料

青豆仁100克，玉米粒100克，老豆腐500克，泡发香菇80克，姜末30克，菠菜皮适量

调料

盐6克，细砂糖10克，白胡椒粉1/2小匙，香油2大匙

做法

1. 烧一锅水，将青豆仁及玉米粒汆烫10秒后冲水沥干；老豆腐下锅汆烫1分钟后沥干，放凉备用。
2. 泡发香菇切小丁；将老豆腐抓碎后放入盆中，加入香菇丁、玉米粒、青豆仁、姜末拌匀。
3. 再加入所有调料拌匀即成青豆玉米馅。
4. 将馅料包入菠菜皮即可。

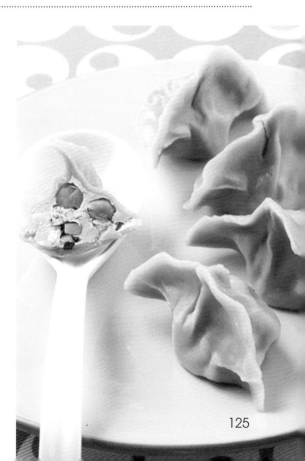

煎饺的包法

大厨小叮咛

　　煎饺皮和煎饺馅的分量比例，一般为1：2，例如每张煎饺皮重10克，每份馅料的重量约为20克。可依个人的喜好略微调整。

❶ 将每张面皮拉成椭圆形后，将馅料包入面皮中。

❷ 使用拇指与食指将面皮最旁边的两边面皮捏合后，拇指不捏褶、食指将面皮往内收拢后捏褶，持续地往前捏成饺子状即可。

怎么做煎饺最好吃

煎饺皮

技巧1：煎饺皮或锅贴皮一定要使用温水面团来做，煎出来的皮就不易又干又硬。

技巧2：最好使用不粘锅，煎时减少用油量或不用油，可避免煎出油腻腻的饺子。

技巧3：饺子下锅后可加入适量面粉、淀粉或玉米粉水，煎至水分完全收干，底部金黄上色，饺子皮会更酥脆爽口。

煎饺馅

技巧1：油脂含量少的鸡肉和海鲜，可加入少许猪肉馅混合，使馅料口感滑嫩、不干涩。

技巧2：肉类的馅料一定要先加少许盐，搅拌至有弹性，再分2次加入少许水拌至水分完全吸收，馅料才会润滑多汁。

技巧3：腥味重的肉类和海鲜馅，可加姜和少许料酒去腥。

技巧4：煎饺下锅后一定要加水，水量至少淹过饺子的1/2，加盖煎至水分收干，馅料才会全熟，并保持适量汤汁。

锅贴的包法

大厨小叮咛

　　锅贴皮和锅贴馅的分量比例，一般为1：2，例如每张锅贴皮重10克，每份馅料的重量约为20克。可依个人的喜好略微调整。

❶ 将每张面皮拉成椭圆形后，将馅料舀入面皮中，并将馅料摊成长圆形。

❷ 随后将面皮从中间对折并捏合，将馅料包覆在面皮中，将两边的面皮往中间捏合即可。

怎么煎饺子

❶ 取锅烧热，加入少许油。放入生饺子。

❷ 加入可淹到饺子1/3处的水量至锅中。

❸ 盖上锅盖，焖煮至水干。

❹ 煮至饺子外观呈膨胀状态。

萝卜丝猪肉煎饺

材料

猪肉馅	300克
白萝卜	300克
姜	8克
葱	20克
水	50毫升
饺子皮	适量

调料

盐	5克
食用油	1大匙
鸡精	4克
细砂糖	3克
酱油	10毫升
料酒	10毫升
白胡椒粉	1小匙
香油	1大匙

做法

1. 白萝卜去皮刨丝，加入2克的盐抓匀腌渍约5分钟后，挤去水分；姜、葱分别洗净后切碎末，备用。

2. 热一锅，放入1大匙食用油烧热后，将葱末加入锅中，以小火炒香至略焦成葱油后，加入白萝卜丝炒匀盛起备用。

3. 猪肉馅加入3克的盐搅拌至有黏性，再加入鸡精、细砂糖、酱油、料酒拌匀后，将水分2次加入，一边加水一边搅拌至水分被肉吸收。

4. 再加入姜末、白萝卜丝、白胡椒粉及香油拌匀即成萝卜丝猪肉馅。

茭白猪肉煎饺

材料

猪肉馅	300克
茭白丁	300克
胡萝卜丁	80克
姜末	30克
葱花	30克
饺子皮	适量

调料

盐	6克
细砂糖	10克
酱油	15毫升
绍兴酒	20毫升
白胡椒粉	1小匙
香油	2大匙

做法

1. 将茭白丁及胡萝卜丁用开水汆烫1分钟后捞出, 以冷水冲凉, 用手挤干水分剁成细末, 备用。
2. 猪肉馅放入钢盆中, 加入盐后搅拌至有黏性。
3. 续加入细砂糖、酱油、绍兴酒拌匀, 最后加入茭白末、胡萝卜末、姜末、葱花、白胡椒粉及香油拌匀。
4. 将馅料包入饺子皮即可。

大葱猪肉锅贴

🌱 **材料**

猪肉馅400克，大葱250克，水50毫升，姜末20克，饺子皮适量

🍶 **调料**

盐6克，细砂糖10克，酱油15毫升，绍兴酒20毫升，白胡椒粉1小匙，香油2大匙

🍲 **做法**

1. 大葱洗净后沥干切碎；猪肉馅放入钢盆中，加入盐后搅拌至有黏性。
2. 猪肉馅加入细砂糖、酱油、绍兴酒拌匀后，将50毫升水分2次加入，一边加水一边搅拌至水分被肉吸收。
3. 续加入大葱末、姜末、白胡椒粉及香油拌匀。
4. 将馅料包入饺子皮即可。

泡菜猪肉锅贴

🌱 **材料**

猪肉馅300克，韩式泡菜200克，姜8克，葱12克，饺子皮适量

🍶 **调料**

盐2克，鸡精4克，细砂糖6克，料酒10毫升，水50毫升，香油1大匙

🍲 **做法**

1. 韩式泡菜略挤干后切碎；姜、葱洗净并沥干水分后，切碎末，备用。
2. 猪肉馅加入盐搅拌至有黏性，再加入鸡精、细砂糖及料酒后拌匀；将水分2次加入，一边加水一边搅拌至水分被肉吸收。
3. 再加入处理好的韩式泡菜、姜末、葱末及香油拌匀即成泡菜猪肉馅。
4. 将馅料包入饺子皮即可。

酸菜猪肉锅贴

材料
猪肉馅500克，酸菜心200克，辣椒末80克，姜末30克，葱花30克，水50毫升，饺子皮适量

调料
盐4克，细砂糖10克，酱油15毫升，绍兴酒20毫升，白胡椒粉1小匙，香油2大匙

做法
1. 酸菜心洗净后切末；热锅，下2大匙食用油（材料外）后放入酸菜末，加少许细砂糖（分量外），小火炒至水分完全收干后取出放凉。
2. 猪肉馅放入钢盆中，加入盐后搅拌至有黏性，加入细砂糖及酱油、绍兴酒拌匀后，将50毫升水分2次加入，一边加水一边搅拌至水分被肉吸收。
3. 续加入炒好的酸菜丁、葱花、姜末、辣椒末、白胡椒粉及香油拌匀即可。

猪肝鲜肉锅贴

材料
猪肝300克，猪肉馅300克，姜末30克，葱花50克，饺子皮适量

调料
淀粉2大匙，酱油15毫升，盐6克，细砂糖10克绍兴酒20毫升，白胡椒粉1小匙，香油2大匙

做法
1. 猪肝洗净后切小丁，加入淀粉及酱油抓匀备用。
2. 猪肉馅放入钢盆中，加入盐后搅拌至有黏性。
3. 在肉馅中加入细砂糖、绍兴酒拌匀，再加入猪肝丁、姜末、葱花、白胡椒粉及香油拌匀即成。
4. 将馅料包入饺子皮即可。

茴香猪肉煎饺

🥟 材料
猪肉馅300克，茴香150克，姜8克，葱12克，水50毫升，饺子皮适量

🍶 调料
盐3.5克，鸡精4克，细砂糖3克，酱油10毫升，料酒10毫升，白胡椒粉1小匙，香油1大匙

📋 做法
❶ 茴香洗净沥干水分后切碎末；姜、葱洗净沥干水分，切碎末，备用。

❷ 备一钢盆，放入猪肉馅后加入盐搅拌至有黏性，再加入鸡精、细砂糖、酱油、料酒拌匀，将水分2次加入，一边加水一边搅拌至水分被肉吸收。

❸ 再加入茴香末、葱末、姜末、白胡椒粉及香油拌匀后即成茴香猪肉馅。

❹ 将馅料包入饺子皮即可。

香蒜牛肉煎饺

🥟 材料
牛肉馅300克，猪肥肉馅100克，香菜20克，蒜苗50克，姜8克，葱12克，淀粉15克，水80毫升，饺子皮适量

🍶 调料
盐7克，细砂糖10克，酱油15毫升，料酒20毫升，白胡椒粉1小匙，香油2大匙

📋 做法
❶ 香菜与蒜苗洗净一起切碎末；淀粉和少许水调成水淀粉，备用。

❷ 牛肉馅加入盐搅拌至有黏性；水淀粉、细砂糖、酱油及料酒一起拌匀，分2次加入牛肉馅中，一边加水一边搅拌至水分被牛肉吸收。

❸ 再加入猪肥肉馅、香菜末、蒜苗末、白胡椒粉及香油拌匀，即成香蒜牛肉馅。

❹ 将馅料包入饺子皮即可。

圆白菜猪肉锅贴

🥬 **材料**

猪肉馅300克，圆白菜200克，姜末8克，葱末12克，饺子皮适量，水50毫升

🧂 **调料**

盐4克，鸡精4克，细砂糖3克，酱油10毫升，料酒10毫升，白胡椒粉1小匙，香油1大匙

🍴 **做法**

1. 圆白菜洗净切末，加入1克盐抓匀腌渍约5分钟后，挤去水分备用。

2. 猪肉馅加入3克盐搅拌至有黏性，加入鸡精、细砂糖、酱油及料酒拌匀后，将水分2次加入，一边加水一边搅拌至水分被肉吸收。

3. 再加入姜末、葱末、圆白菜末、白胡椒粉及香油拌匀，即成圆白菜猪肉馅。

4. 将馅料包入饺子皮即可。

香菜牛肉煎饺

🥬 **材料**

牛肉馅200克，肥猪肉馅100克，香菜50克，绿竹笋200克，姜8克，葱12克，水80毫升，淀粉15克，饺子皮适量

🧂 **调料**

盐4克，鸡精粉3克，细砂糖3克，酱油10毫升，米酒10毫升，黑胡椒粉1茶匙，香油1大匙

🍴 **做法**

1. 香菜、姜、葱洗净切碎末；绿竹笋切丝氽烫约3分钟后冲凉并挤干水分；淀粉和水调匀成淀粉水，备用。

2. 牛肉馅加入盐搅拌至有黏性；淀粉水加入鸡精粉、细砂糖、酱油及米酒拌匀，分2次加入牛肉馅中，边加边搅拌至水分被牛肉吸收。

3. 再加入肥猪肉馅及所有材料、黑胡椒粉及香油拌匀，即成香菜牛肉馅。

4. 将馅料包入饺子皮即可。

绿豆芽鸡肉煎饺

材料
去皮鸡腿肉400克，绿豆芽300克，韭菜丁80克，葱花40克，姜末20克，饺子皮适量

调料
盐7克，细砂糖10克，酱油15毫升，绍兴酒20毫升，白胡椒粉1小匙，香油2大匙

做法
1. 绿豆芽洗净沥干切小段，再放入开水氽烫1分钟捞出，用冷水冲凉，沥干水分备用。
2. 去皮鸡腿肉剁成碎肉，放入钢盆中，加入盐后搅拌至有黏性，再加入细砂糖及酱油、绍兴酒拌匀。
3. 最后加入绿豆芽、韭菜丁、葱花、姜末、白胡椒粉及香油拌匀即可。
4. 将馅料包入饺子皮即可。

荸荠羊肉锅贴

材料
羊肉馅500克，荸荠200克，芹菜末150克，姜末30克，葱花30克，饺子皮适量

调料
盐7克，细砂糖10克，酱油15毫升，绍兴酒20毫升，白胡椒粉1小匙，香油2大匙

做法
1. 荸荠洗净去皮后切小丁；羊肉馅放入钢盆中，加入盐后搅拌至有黏性。
2. 在肉馅中加入细砂糖、酱油、绍兴酒拌匀。
3. 续加入荸荠丁、芹菜末、葱花、姜末、白胡椒粉及香油拌匀即成荸荠羊肉馅。
4. 将馅料包入饺子皮即可。

咖喱鸡肉煎饺

材料
鸡腿300克，洋葱末200克，胡萝卜40克，姜末8克，菠菜皮适量

调料
咖喱粉2小匙，盐4克，鸡精4克，细砂糖3克，料酒10毫升，黑胡椒粉1小匙，香油1大匙

做法
1. 胡萝卜切小丁，放入沸水中汆烫至熟；鸡腿去除骨头后将肉剁碎，备用。
2. 起一锅，放入1大匙食用油（材料外）加热后，放入洋葱末与咖喱粉一起以小火炒约1分钟起锅，放凉备用。
3. 鸡腿肉加入盐搅拌至有黏性，再加入炒好的咖喱洋葱、胡萝卜丁、姜末及其余调料拌匀即成咖喱鸡猪肉馅。
4. 将馅料包入菠菜皮即可。

XO酱鸡肉煎饺

材料
去皮鸡腿肉500克，XO酱200克，姜末20克，葱花100克，饺子皮适量

调料
辣椒酱2大匙，细砂糖20克，绍兴酒20毫升，白胡椒粉1小匙，香油2大匙

做法
1. 将XO酱的油沥干，备用。
2. 去皮鸡腿肉剁成碎肉，放入钢盆中，加入辣椒酱后搅拌至有黏性。
3. 续加入细砂糖及绍兴酒拌匀；最后加入沥干油的XO酱、葱花、姜末、白胡椒粉及香油拌匀即成XO酱鸡肉馅。
4. 将馅料包入饺子皮即可。

叶子形蒸饺的包法

大厨小叮咛

蒸饺皮和蒸饺馅的分量比例一般为1：2，例如每张蒸饺皮重10克，每份馅料的重量约为20克。可依个人的喜好略微调整。

❶ 将拌好的馅料舀20克放到蒸饺面皮上，再将面皮一端往内轻压成凹状后，将凹状的地方捏合。

❷ 待凹状捏合后，将左边的面皮捏折进来后，再把右边的面皮捏折进来。

❸ 重复做法2的动作，并且往另一端捏合。

❹ 待捏至面皮的最前面时，将前面尖端的部分捏合起来，即完成。

怎么做蒸饺最好吃

蒸饺皮

技巧1：擀皮时，每一次推出、擀回绝对不能超过面皮的中心点，擀出的饺皮才会又圆又均匀，才能包出漂亮的饺子形状。

技巧2：皮和馅的最佳分量比例为1：2，馅料太多不易包成漂亮的形状，蒸时也容易爆开。

技巧3：待锅中的水完全滚沸，才可放上蒸笼，大火蒸约6分钟至表皮膨胀即可熄火。

技巧4：蒸好时可立即在饺子皮表面抹上少许香油，可避免饺子皮快速变干变硬。

蒸饺馅

技巧1：水分多的食材要先依特性做脱水处理，才不会做出软乎乎的馅料。

技巧2：不易熟的食材应先蒸熟或炸熟，蒸好后内馅就不会半生不熟。

技巧3：油脂含量少的鸡肉和海鲜，可加入少许猪肉馅混合，使馅料口感滑嫩、不干涩。

技巧4：肉类的馅料一定要先加少许盐，搅拌至有弹性，再分2次加入少许水拌至水分完全吸收，馅料才会多汁有嚼劲。

技巧5：腥味重的肉类和海鲜馅，可加姜和少许料酒去腥。

虾饺形蒸饺的包法

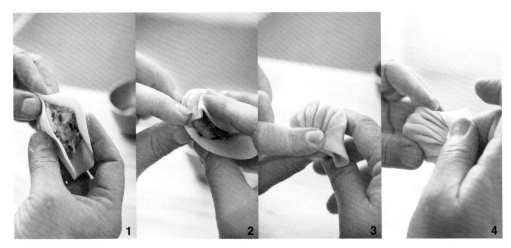

❶ 将拌好的馅料舀约 20克放到蒸饺皮上，将 饺子皮对折，左端以手 指轻轻捏合。

❷ 右手食指将一边的 饺子皮推出褶子，再以 左手食指轻压固定。

❸ 持续步骤2的手法， 由左端折花至右端。

❹ 将上下饺皮以拇指 和中指捏合封口，使馅 料处呈饱满状即可。

怎么蒸饺子

❶ 蒸笼中放入蒸笼 布，再放上饺子。

❷ 待锅内的水开 了，才可放上蒸笼。

❸ 盖上蒸笼盖，蒸 约6分钟。

❹ 蒸至饺子外观呈 膨胀状态，即可。

芋头猪肉蒸饺

材料
猪肉馅500克，芋头400克，水50毫升，葱花30克，姜末30克，饺子皮适量

调料
盐8克，细砂糖12克，酱油15毫升，绍兴酒20毫升，白胡椒粉1小匙，香油2大匙

做法
1 芋头去皮，洗净沥干水分后，刨丝备用。
2 猪肉馅放入钢盆中，加入盐后搅拌至有黏性，续加入细砂糖、酱油及绍兴酒拌匀后，将50毫升水分2次加入，一边加水一边搅拌至水分被肉吸收。
3 最后加入芋头丝、葱花、姜末、白胡椒粉及香油拌匀即成。
4 将馅料包入饺子皮即可。

上海青猪肉蒸饺

材料
猪肉馅300克，姜8克，葱12克，上海青200克，水50毫升，饺子皮适量

调料
盐3.5克，鸡精3克，细砂糖3克，酱油10毫升，料酒10毫升，白胡椒粉1/2小匙，香油1大匙

做法
1 上海青汆烫约1分钟，过凉水挤干后切碎；姜切末；葱切碎，备用。
2 猪肉馅放入盆中，加入盐后搅拌至有黏性，再加入鸡精、细砂糖及酱油、料酒拌匀；将50毫升水分2次加入，一边加水一边搅拌，至水分被肉吸收为止；最后加入上海青末、葱碎、姜末、白胡椒粉及香油拌匀成馅料。
3 将馅料包入饺子皮即可。

榨菜猪肉蒸饺

材料

猪肉馅500克，榨菜200克，水50毫升，红辣椒末80克，葱花30克，姜末30克，饺子皮适量

调料

盐4克，细砂糖10克，酱油15毫升，绍兴酒20毫升，白胡椒粉1小匙，香油2大匙

做法

❶ 榨菜切碎后洗净，沥干水分备用。

❷ 猪肉馅放入钢盆中，加入盐后搅拌至有黏性，加入细砂糖、酱油、绍兴酒拌匀后，将50毫升水分2次加入，一边加水一边搅拌至水分被肉吸收。

❸ 续加入榨菜末、红辣椒末、葱花、姜末、白胡椒粉及香油拌匀即可。

❹ 将馅料包入饺子皮即可。

海菜猪肉蒸饺

材料

猪肉馅500克，鲜海菜300克，水50毫升，葱花30克，姜末30克，饺子皮适量

调料

盐6克，细砂糖10克，酱油15毫升，绍兴酒20毫升，白胡椒粉1小匙，香油2大匙

做法

❶ 鲜海菜洗净后沥干水分备用。

❷ 猪肉馅放入钢盆中，加入盐后搅拌至有黏性，再加入细砂糖、酱油、绍兴酒拌匀后，将50毫升水分2次加入，一边加水一边搅拌至水分被肉吸收。

❸ 续加入鲜海菜、葱花、姜末、白胡椒粉及香油拌匀即可。

❹ 将馅料包入饺子皮即可。

辣椒猪肉蒸饺

材料

猪肉馅	300克
红辣椒	60克
青辣椒	60克
姜	8克
葱	12克
水	50毫升
饺子皮	适量

调料

盐	3.5克
鸡精	4克
细砂糖	4克
酱油	10毫升
料酒	10毫升
香油	1大匙

做法

1. 红辣椒、青辣椒去除籽切成碎末；姜与葱切成细末，备用。

2. 猪肉馅加入盐后搅拌至黏性，加入鸡精、细砂糖、酱油及料酒，一起搅拌均匀备用。

3. 将水分2次加入调好味的猪肉馅中，一边加水一边搅拌至水分被猪肉馅吸收，再加入红辣椒、青辣椒末、姜末、葱末与香油搅拌均匀，即成辣椒猪肉馅。

4. 将馅料包入饺子皮即可。

韭菜猪肉蒸饺

🥬材料

猪肉馅	300克
韭菜	150克
姜	8克
葱	12克
水	50毫升
饺子皮	适量

🧂调料

盐	3.5克
鸡精	4克
细砂糖	3克
酱油	10毫升
料酒	10毫升
白胡椒粉	1小匙
香油	1大匙

📋做法

1. 韭菜、姜与葱分别切成碎末，备用。

2. 猪肉馅加入盐后搅拌均匀至有黏性后，加入鸡精、细砂糖、酱油及料酒拌匀备用。

3. 将水分2次加入猪肉馅中，一边加水一边搅拌至水分被猪肉馅吸收，再加入韭菜末、姜末、葱末、白胡椒粉与香油搅拌均匀，即成韭菜猪肉馅。

4. 将馅料包入饺子皮即可。

香葱牛肉蒸饺

🌱 材料
牛肉馅500克，芹菜末150克，香菜末30克，葱花30克，姜末20克，饺子皮适量

🧂 调料
盐6克，孜然粉1小匙，细砂糖20克，酱油15毫升，料酒20毫升，黑胡椒粉1小匙，香油2大匙

🍽 做法
1. 牛肉馅放入钢盆中，加入盐后搅拌至有黏性，再加入孜然粉、细砂糖、酱油、料酒拌匀。
2. 最后再加入芹菜末、香菜末、葱花、姜末、黑胡椒粉及香油拌匀即成香葱牛肉馅。
3. 将馅料包入饺子皮即可。

韭菜粉丝蒸饺

🌱 材料
韭菜150克，豆干100克，粉丝50克，虾皮8克，葱花20克，饺子皮适量

🧂 调料
盐5克，细砂糖10克，白胡椒粉1小匙，香油2大匙

🍽 做法
1. 将粉丝泡水约20分钟至涨发后切小段；豆干切小丁；韭菜洗净沥干切碎备用。
2. 热锅开小火爆香葱花、豆干及虾皮后取出放凉，加入粉丝及韭菜拌匀。
3. 加入所有调料拌匀即成韭菜粉丝馅。
4. 将馅料包入饺子皮即可。

酸菜牛肉蒸饺

材料

牛肉馅	500克
酸菜	500克
水	50毫升
葱花	50克
姜末	30克
饺子皮	适量

调料

盐	5克
细砂糖	15克
酱油	15毫升
绍兴酒	20毫升
白胡椒粉	1小匙
香油	2大匙

做法

1. 酸菜洗净后挤干水分，切碎备用。

2. 牛肉馅放入钢盆中，加入盐后搅拌至有黏性，续加入细砂糖、酱油及绍兴酒拌匀后，将50毫升的水分2次加入，一边加水一边搅拌至水分被肉吸收。

3. 最后加入酸菜、葱花、姜末、白胡椒粉及香油拌匀即成。

4. 将馅料包入饺子皮即可。

花瓜鸡肉蒸饺

材料

花瓜丁	1/4杯
鸡肉末	1杯
韭黄末	1/3杯
饺子皮	15张

调料

盐	2小匙
细砂糖	2/3大匙
白胡椒粉	1大匙
香油	2/3大匙

做法

1. 将花瓜丁、鸡肉末、韭黄末与所有调料一起搅拌均匀即完成馅料。

2. 准备一个已抹上油的平盘,将适量馅料包入饺子皮中,依序排入平盘中,饺子与饺子之间要留有空隙,并在饺子皮上略微喷水备用。

3. 准备一个炒锅,架上不锈钢蒸架,注入水至盖过蒸架上约1厘米,等水煮沸后,再将摆入饺子的平盘放入,加盖以大火蒸12~15分钟即可起锅食用。

韭菜牛肉蒸饺

材料

牛肉馅200克，猪肥肉馅100克，韭菜150克，水80毫升，姜8克，葱12克，饺子皮适量

调料

盐3克，鸡精3克，细砂糖3克，酱油10毫升，料酒10毫升，淀粉5克，黑胡椒粉1小匙，香油1大匙

做法

① 韭菜、姜、葱分别洗净并沥干水分后，切碎末，备用。

② 牛肉馅放入盆中加入盐搅拌至有黏性后，加入鸡精、细砂糖、酱油及料酒拌匀备用。

③ 将水与淀粉一起拌匀后，分2次加入已调味的牛肉馅之中，一边加水一边搅拌至水分被牛肉吸收后再加入猪肥肉馅搅拌均匀。

④ 最后加入韭菜末、葱末、姜末、黑胡椒粉及香油拌匀，即成韭菜牛肉馅。

芹菜羊肉蒸饺

材料

羊肉馅500克，芹菜末150克，水50毫升，葱花30克，姜末30克，饺子皮适量

调料

盐6克，细砂糖10克，酱油15毫升，绍兴酒20毫升，白胡椒粉1小匙，香油2大匙

做法

① 羊肉馅放入钢盆中，加入盐后搅拌至有黏性。

② 于肉馅中加入细砂糖、酱油、绍兴酒拌匀后，将50毫升水分2次加入，一边加水一边搅拌至水分被肉吸收。

③ 最后加入芹菜末、葱花、姜末、白胡椒粉及香油拌匀即可。

④ 将馅料包入饺子皮即可。

黑木耳鸡肉蒸饺

材料
去皮鸡腿肉 400克
泡发黑木耳 150克
胡萝卜丁　　80克
葱花　　　　40克
姜末　　　　20克
胡萝卜皮　　适量

调料
盐　　　　　6克
细砂糖　　　10克
酱油　　　　5毫升
绍兴酒　　　20毫升
白胡椒粉　　1小匙
香油　　　　2大匙

做法
1. 泡发黑木耳洗净切小丁；将胡萝卜丁用开水汆烫1分钟后，过冷水且沥干水分备用。
2. 将去皮鸡腿肉剁碎，放入钢盆中，加入盐后搅拌至有黏性，续加入细砂糖及酱油、绍兴酒拌匀。
3. 最后加入黑木耳丁、胡萝卜丁、葱花、姜末、白胡椒粉及香油拌匀即成。
4. 将馅料包入胡萝卜皮即可。

腊味鸡肉蒸饺

材料
去皮鸡腿肉	500克
腊肠	100克
葱花	40克
香菜末	30克
姜末	20克
菠菜皮	适量

调料
盐	4克
细砂糖	10克
酱油	15毫升
绍兴酒	20毫升
白胡椒粉	1小匙
香油	2大匙

做法
1. 将腊肠放入电饭锅，按下开关，蒸至开关跳起后取出放凉，切小丁备用。
2. 将去皮鸡腿肉剁碎，放入钢盆中，加入盐后搅拌至有黏性，续加入细砂糖及酱油、绍兴酒拌匀。
3. 最后加入腊肠丁、葱花、香菜末、姜末、白胡椒粉及香油拌匀即成。
4. 将馅料包入菠菜皮即可。

猪肉虾仁蒸饺

材料
猪肉馅300克，韭黄300克，虾仁200克，葱花40克，姜末20克，菠菜皮适量

调料
盐7克，细砂糖12克，料酒20毫升，白胡椒粉1小匙，香油2大匙

做法
1. 韭黄洗净沥干后切末；虾仁洗净后用厨房纸巾或布擦干水分，用刀略切小粒。
2. 虾仁及猪肉馅放入钢盆中，加入盐后搅拌至有黏性，再加入细砂糖及料酒拌匀。
3. 最后加入韭黄末、葱花、姜末、白胡椒粉及香油拌匀即成。
4. 将馅料包入菠菜皮即可。

虾仁豆腐蒸饺

材料
虾仁400克，老豆腐200克，葱花50克，姜末30克，菠菜皮适量

调料
盐6克，细砂糖10克，淀粉10克，白胡椒粉1小匙，香油2大匙

做法
1. 虾仁洗净后用厨房纸巾吸干水分，切小丁；烧一锅水，将老豆腐下锅汆烫1分钟后，沥干放凉抓碎，备用。
2. 将虾仁放入钢盆中，加入盐后搅拌至有黏性，再加入细砂糖及老豆腐碎拌匀。
3. 最后加入葱花、姜末、淀粉、白胡椒粉及香油拌匀即成。
4. 将馅料包入菠菜皮即可。

牡蛎猪肉蒸饺

材料
猪肉馅300克，牡蛎200克，姜12克，葱40克，澄粉皮适量

调料
盐4克，鸡精4克，细砂糖3克，酱油10毫升，料酒10毫升，白胡椒粉1小匙，香油1大匙

做法
1. 牡蛎洗净沥干水分；姜、葱切碎末，备用。
2. 猪肉馅加入盐搅拌至有黏性，加入鸡精、细砂糖、酱油、料酒搅拌均匀后，加入牡蛎、葱末、姜末及白胡椒粉、香油拌匀，即成牡蛎猪肉馅。
3. 将馅料包入饺子皮即可。

鲜干贝猪肉蒸饺

材料
猪肉馅400克，鲜干贝200克，葱花50克，姜末30克，饺子皮适量

调料
盐5克，细砂糖10克，料酒20毫升，白胡椒粉1小匙，香油2大匙

做法
1. 鲜干贝洗净后用厨房纸巾或布擦干水分。
2. 猪肉馅放入钢盆中，加入盐搅拌至有黏性后，续加入细砂糖及料酒拌匀。
3. 最后加入葱花、姜末、白胡椒粉及香油拌匀，要包时再加入鲜干贝即成。
4. 将馅料包入饺子皮即可。

玉米青豆猪肉蒸饺

材料
猪肉馅	300克
青豆仁	60克
罐头玉米粒	80克
胡萝卜丁	50克
姜	8克
葱	12克
水	50毫升
饺子皮	适量

调料
盐	3.5克
鸡精	4克
细砂糖	3克
酱油	10毫升
料酒	10毫升
白胡椒粉	1小匙
香油	1大匙

做法
1. 姜、葱切碎末备用。
2. 猪肉馅加入盐后搅拌至有黏性，再加入鸡精、细砂糖、酱油及料酒拌匀后，将水分2次加入，一边加水一边搅拌至水分被肉吸收。
3. 再加入青豆仁、玉米粒、胡萝卜丁、姜末、葱末及白胡椒粉、香油拌匀，即成玉米青豆猪肉馅。
4. 于每张饺子皮中，放入适量的猪肉馅，以馅料为中心点先提起一边的面皮与另一边面皮捏合。
5. 再提另一边的面皮，与其他两边的面皮沿着外沿捏出三角形状即可。

甜椒猪肉蒸饺

🥢 材料

猪肉馅	300克		
青椒	80克		
红甜椒	80克		
姜	8克		
水	50毫升		
墨黑皮	适量		

🍶 调料

盐	3.5克
鸡精	4克
细砂糖	3克
酱油	10毫升
料酒	10毫升
白胡椒粉	1小匙
香油	1大匙

🍳 做法

① 青椒、红甜椒去籽；姜切碎末，备用。

② 将青椒、红甜椒放入沸水中氽烫约30秒，捞起以冷开水冲凉并沥干水分切丁状，备用。

③ 猪肉馅中加入盐搅拌至有黏性，加入鸡精、细砂糖、酱油及料酒拌匀后，将水分2次加入，一边加水一边搅拌至水分被肉吸收。

④ 加入姜末、白胡椒粉及香油拌匀后，加入青椒丁、红甜椒丁一起拌匀即成甜椒猪肉馅。

⑤ 将馅料包入墨黑皮即可。

花边形炸饺的包法

大厨小叮咛

炸饺皮和炸饺馅的分量比例，一般为2：3，例如每张炸饺皮重10克，每份馅料的重量约为15克。可依个人的喜好略微调整。

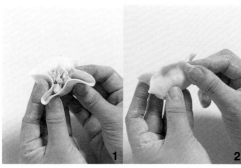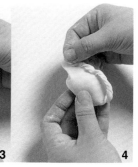

❶ 手掌呈弯形放上饺子皮并放入适量的馅料。

❷ 饺子皮对折并用食指将两侧往内压。将饺子皮4个角稍微捏紧封口。

❸ 以右手拇指及食指捏住右顶端，将变薄的外缘向下按捏成花边纹路。

❹ 不断重复按捏从右直至左端底处即完成。

怎么做炸饺最好吃

炸饺皮

技巧1: 擀皮时，一定要擀成中间厚、边缘薄，饺子封口处就不会太厚，包馅的地方也比较不容易破皮。

技巧2: 皮和馅的最佳分量比例为2：3，做出来的炸饺才会皮薄馅多。

技巧3: 如果饺子有破皮，下锅前可先沾一些干淀粉再入锅炸，可保持形状完好。

技巧4: 锅中热油要足以淹过饺子，油温达160℃才下锅，炸起来的皮才会酥脆。

炸饺馅

技巧1: 水分多的食材要先依特性做脱水处理，才不会做出软乎乎的馅料。

技巧2: 高温油炸外皮熟得快，不易熟的食材应先蒸熟或炸熟，以免外皮焦黄而内馅未熟。

技巧3: 油炸时先开小火让饺子略浸泡一下，再转中火炸，这样内馅较容易熟透，又不会提早将外皮炸焦。

波浪形炸饺的包法

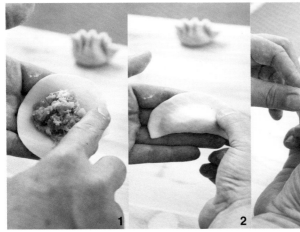
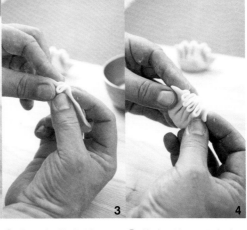

❶ 将拌好的馅料舀约
15克放到饺皮上，在半
边饺子皮边缘1厘米处
抹水。

❷ 饺子皮对折，上
下饺皮紧密捏合。

❸ 左手捏住左端，
用右手拇指和食指并
用，将边缘推成扇形
折子。

❹ 将扇形折子用左右
手用力压紧，即成波浪
形炸饺。

怎样炸饺子

❶ 锅中加入油，烧热至约
160℃。

❶ 将生水饺放入油锅中，开
中火随时翻动，就能让饺子
上色均匀，不焦底。

❶ 炸至水饺外观呈金黄，即
可关火，捞起沥油。

甜菜鸡肉炸饺

材料
去皮鸡腿肉 400克
甜菜根 300克
葱花 40克
姜末 20克
饺子皮 适量

调料
盐 6克
细砂糖 10克
酱油 15毫升
绍兴酒 20毫升
淀粉 2大匙
白胡椒粉 1小匙
香油 2大匙

做法
❶ 甜菜根去皮刨丝，沥干水分备用。

❷ 去皮鸡腿肉剁碎，放入钢盆中，加入盐后搅拌至有黏性，续加入细砂糖及酱油、绍兴酒拌匀。

❸ 最后加入甜菜根丝、葱花、姜末、淀粉、白胡椒粉及香油拌匀即成。

❹ 将馅料包入饺子皮即可。

番薯肉末炸饺

材料
番薯	400克
猪肉馅	200克
红葱头末	30克
蒜末	30克
葱花	60克
饺子皮	适量

调料
A
盐	2克
细砂糖	5克
白胡椒粉	1/2小匙

B
盐	5克
白胡椒粉	1/2小匙
香油	2大匙

做法
1. 番薯去皮后切厚片，盛盘放入电饭锅，蒸约20分钟后取出，压成泥。
2. 热锅，放入2大匙食用油（材料外），以小火炒香红葱头及蒜末后，放入猪肉馅炒散，加入调料A，小火炒至水分收干后取出放凉。
3. 将番薯泥放入盆中，加入调料B拌匀后，再将炒好并调味的猪肉馅及葱花加入番薯泥中拌匀即成。
4. 将馅料包入饺子皮即可。

培根土豆炸饺

材料

土豆	500克
培根	200克
蒜末	30克
西芹末	60克
饺子皮	适量

调料

盐	5克
白胡椒粉	1/2小匙
细砂糖	12克

做法

1. 土豆去皮后切厚片，盛盘放入电饭锅，蒸约20分钟后取出，压成泥备用；培根切小丁，备用。
2. 热锅，放入3大匙食用油（材料外），将培根丁和蒜末以小火炒香后取出放凉。
3. 将炒好的培根加入土豆泥中，加入西芹末及所有调料拌匀即成。
4. 将馅料包入饺子皮即可。

抹茶芝士炸饺

材料

抹茶豆沙馅	300克
芝士片	150克
饺子皮	适量

做法

❶ 将芝士片切成小块,分成每个5克重的大小。

❷ 将抹茶豆沙馅一次取10克的大小,包入芝士块,最后用饺子皮包成饺形即可。

❸ 热锅,加入半锅油烧至160℃,将包好的饺子放入油锅中,开中火随时翻动,使饺子上色均匀。

❹ 炸至外观呈金黄色,即可关火,捞起沥油。

椰子毛豆炸饺

材料

毛豆仁　　2大匙
椰子粉　　1杯
鸡蛋　　　1个
饺子皮　　适量

调料

细砂糖　　1.5大匙
面粉　　　1/2大匙

做法

1. 将毛豆仁氽烫后捞起沥干备用。

2. 取一容器，将椰子粉、鸡蛋打入稍加搅拌后，将熟毛豆仁及调料一起放入搅拌均匀。

3. 取饺子皮，每张放入适量馅料包好即可。

4. 热锅，加入半锅油烧至160℃，将包好的饺子放入油锅中，开中火随时翻动，使饺子上色均匀。

5. 炸至外观呈金黄色，即可关火，捞起沥油。

红豆泥炸饺

材料

红豆　　　1杯
饺子皮　　适量

调料

细砂糖　　1/2杯

做法

1. 将红豆提前浸泡洗净备用。
2. 取锅加水盖过红豆，放入电饭锅蒸1~1.5小时至红豆熟烂，加入细砂糖煮溶，汁收干后拌成泥状。
3. 取饺子皮，每张放入适量馅料包好即可。
4. 热锅，加入半锅油烧至160℃，将包好的饺子放入油锅中，开中火随时翻动，使饺子上色均匀。
5. 炸至外观呈金黄色，即可关火，捞起沥油。

大厨小叮咛

炸饺子的油温一定要够高，油温过低饺子皮容易吸油，炸好的饺子吃起来会比较油腻不酥松，而饺子下锅要以小火炸，起锅前再转中大火，这样不但比较容易炸熟，饺子皮也不易吸太多油。

牡蛎猪肉炸饺

材料
猪肉馅300克，牡蛎300克，韭菜100克，葱花30克，姜末20克，饺子皮适量

调料
盐4克，细砂糖10克，酱油15毫升，料酒20毫升白胡椒粉1小匙，香油2大匙

做法
1. 韭菜洗净后切碎；牡蛎洗净后沥干水分，备用。
2. 猪肉馅放入钢盆中，加入盐后搅拌至有黏性，再加入细砂糖及酱油、料酒拌匀。
3. 最后加入韭菜末、葱花、姜末、白胡椒粉及香油拌匀，包时再加入牡蛎即可。

什锦海鲜炸饺

材料
猪肉馅50克，蛤蜊肉1/3杯，鱼肉丁1/2杯，虾仁丁1/3杯，姜末1大匙，葱花3大匙，饺子皮15张

调料
白胡椒粉1大匙，淀粉2大匙，面粉1/2大匙

做法
1. 将除饺子皮以外的材料与所有调料一起放入容器中搅拌均匀，即成馅料备用。
2. 将什锦海鲜馅包入饺子皮中捏成饺子，并整齐排放至已涂抹油的平盘中即可。
3. 热锅，加入半锅油烧至160℃，将包好的饺子放入油锅中，开中火随时翻动，使饺子上色均匀。
4. 炸至外观呈金黄色，即可关火，捞起沥油。

品质悦读｜畅享生活